跟着电网企业劳模学 系列培训教材

继电保护典型事故
仿真案例分析

国网浙江省电力有限公司　组编

中国电力出版社
CHINA ELECTRIC POWER PRESS

内 容 提 要

本书是"跟着电网企业劳模学系列培训教材"之《继电保护典型事故仿真案例分析》分册，采用章节结构进行编写，以二次缺陷影响下的故障分析方法为核心，包括现场信息采集、典型的二次缺陷对保护动作行为的影响、事故报告的撰写以及典型案例仿真。书中的案例结合了具有代表性的一次故障和二次缺陷，以分析者的视角讲述了从电气量中提取典型特征从而判断故障点和缺陷的一般思路。

本书可供继电保护从业人员阅读，也可供相关专业技术人员学习参考。

图书在版编目（CIP）数据

继电保护典型事故仿真案例分析/国网浙江省电力有限公司组编. —北京：中国电力出版社，2023.8

跟着电网企业劳模学系列培训教材

ISBN 978-7-5198-7921-1

Ⅰ.①继… Ⅱ.①国… Ⅲ.①电力系统－继电保护－事故－案例－技术培训－教材 Ⅳ.①TM77

中国国家版本馆 CIP 数据核字（2023）第 111609 号

出版发行：中国电力出版社

地　　址：北京市东城区北京站西街 19 号（邮政编码 100005）

网　　址：http://www.cepp.sgcc.com.cn

责任编辑：王蔓莉

责任校对：黄　蓓　王海南

装帧设计：张俊霞　赵姗姗

责任印制：石　雷

印　　刷：固安县铭成印刷有限公司

版　　次：2023 年 8 月第一版

印　　次：2023 年 8 月北京第一次印刷

开　　本：710 毫米×1000 毫米　16 开本

印　　张：10.75

字　　数：153 千字

印　　数：0001—1000 册

定　　价：58.00 元

丛书序

　　国网浙江省电力有限公司在国家电网有限公司的领导下，以努力超越、追求卓越的企业精神，在建设具有卓越竞争力的世界一流能源互联网企业的征途上砥砺前行。建设一支爱岗敬业、精益专注、创新奉献的员工队伍是实现企业发展目标、践行"人民电业为人民"企业宗旨的必然要求和有力支撑。

　　国网浙江省电力有限公司为充分发挥公司系统各级劳模在培训方面的示范引领作用，基于劳模工作室和劳模创新团队，设立劳模培训工作站，对全公司的优秀青年骨干进行培训。通过严格管理和不断创新发展，劳模培训取得了丰硕成果，成为国网浙江省电力有限公司培训的一块品牌。劳模工作室成为传播劳模文化、传承劳模精神、培养电力工匠的主阵地。

　　为了更好地发扬劳模精神，打造精益求精的工匠品质，国网浙江省电力有限公司将多年劳模培训积累的经验、成果和绝活，进行提炼总结，编制了"跟着电网企业劳模学系列培训教材"。该丛书的出版，将对劳模培训起到规范和促进作用，以期加强员工操作技能培训和提升供电服务水平，树立企业良好的社会形象。丛书主要体现了以下特点：

　　一是专业涵盖全，内容精尖。丛书定位为劳模培训教材，涵盖规划、调度、运检、营销等专业，面向具有一定专业基础的业务骨干人员，内容力求精练、前沿，通过本教材的学习可以迅速提升员工技能水平。

　　二是图文并茂，创新展现方式。丛书图文并茂，以图说为主，结合典型案例，将专业知识穿插在案例分析过程中，深入浅出，生动易学。除传统图文外，创新采用二维码链接相关操作视频或动画，激发读者的阅读兴趣，以达到实际、实用、实效的目的。

　　三是展示劳模绝活，传承劳模精神。"一名劳模就是一本教科书"，丛书对劳模事迹、绝活进行了介绍，使其成为劳模精神传承、工匠精神传播的载体和平台，鼓励广大员工向劳模学习，人人争做劳模。

丛书既可作为劳模培训教材，也可作为新员工强化培训教材或电网企业员工自学教材。由于编者水平所限，不到之处在所难免，欢迎广大读者批评指正！

最后向付出辛勤劳动的编写人员表示衷心的感谢！

丛书编委会

前　言

　　随着电网规模不断扩大，变电站检修业务范围逐渐扩展，国家电网有限公司对于检修人员的技能水平要求也不断提升。在日益复杂的电网结构和完备的保护配置体系之下，除了日常检修所需要的技术能力外，检修人员也需要具备更强的故障判别和事故处理能力。但在日常工作环境下，由于缺少对一次故障的系统性学习机会，检修工作者难以在实际中得到提升。为此，国网宁波供电公司依托劳模创新工作室，建成了设备全面、功能完备的 220kV 变电站实训平台和仿真系统，该系统由一次模拟系统、二次继电保护设备和相关公共设备组成。通过事故仿真系统可实现系统各类型单一和复合故障的仿真和真实事故案例重现，既满足了生产人员对变电站故障分析能力和事故处理技能的培训需求，又可以根据生产需要设置故障供培训学员分析研究，以解决实际生产问题。

　　为充分发挥劳模创新工作室仿真系统的教学和培训功能，提升仿真实训教学水平，传播劳模精神和工匠精神，国网宁波供电公司组织劳模和相关专家对劳模工作室的仿真经验和案例积累进行提炼、总结，编写了《继电保护典型事故仿真案例分析》，本书主要面向国家电网有限公司系统内的二次检修员工和对故障仿真分析有相关需求和兴趣的员工。

　　本书分为四个章节：第一章仿真分析系统概述，对系统的特点和基本概念作简单总结，并详细探讨了仿真分析系统的功能及其对生产工作的重要意义，同时，也对仿真系统的架构提出了总体要求；第二章详细阐述了故障分析的相关流程，将故障发生后的信息采集进行标准化总结，提炼相关现场信息标准采集表，并对事故报告的标准格式和写法进行概括总结，将事故报告流程清晰化、标准化；第三章探讨了保护装置的二次缺陷对保护动作行为的影响，从实际故障出发，提出了二次缺陷的基本分析方法和解决路径，并从采样回路、直流回路、压板和定值、智能变电站相关缺陷等多个维度对二次缺陷进行了分类探讨，并一一进行影响分析并提出排查方法；第四章从线路、主变压器、母线和复合故障多个维度提供了数十个真实案例，针对其波形特点、一次故障和二次缺陷逐一分析，涵盖了包括接地、跨线短路、断线等不同故障类型和不同场景，从多角度逐一剖析故障成因，发展过程和动作结果，准确而全面地展示了不同事故特征下的故障场景，并结合分析方法，提升阅读者的电力系统故障分析能力。

本书由国网宁波供电公司组织编写，国网浙江省电力有限公司各地市供电公司和国网浙江培训中心多位具有深厚理论基础和丰富实践经验的技术专家提供了编写指导，在此对这些专家表示衷心感谢！

由于水平有限，本书难免有疏漏和不足之处，敬请读者批评指正。

编　者

2023 年 5 月

目　录

精益求精守匠心，攻坚克难砥砺行

——记国网浙江省电力有限公司劳动模范肖立飞

肖立飞

男，1981年11月出生，硕士研究生毕业，现为国网宁波供电公司变电检修中心副主任。

从2003年进入宁波电业局至今，他一直在继电保护一线工作，勤奋好学、刻苦钻研、技术精湛，始终以工匠的精神严格要求自己。他积极投入各类创新活动，目前已获10余项实用新型专利和发明专利，参与的项目获浙江电力科学技术进步一等奖，参编《变电站就地化保护安装调试技术》《变电检修过程管理》等多本专业书籍，参与制定就地化保护多项国家标准和行业标准。凭借精湛的技术，他曾获宁波市继保比武第一名、国网安规调考第一名、省公司安规调考团体三等奖等奖项。近年来先后被授予浙江省青年岗位能手、浙江省电力公司劳动模范、宁波市五一劳动奖章、宁波市首席工人、宁波市职工技术能手、浙江省电力公司生产先进个人、浙江省电力公司继电保护先进个人、国网宁波供电公司生产先进工作者、国网宁波供电公司优秀兼职

内训师等多项荣誉称号。

以肖立飞领衔的变电检修劳模创新工作室是在原徐坚刚劳模工作室和翁晖劳模工作室的基础上融入了新一代青年劳模肖立飞、梁流铭和潘庆，不断拓展、演变而来的，现在已成为青年岗位示范点、教学基地、电力知识普及点。工作室现有的"梯队式"专家队伍包含4名国网专家、6名省公司专家以及15名市公司专家。工作室在2018年和2019年分别获得省公司劳模工作室示范点称号和省公司标杆劳模创新工作室称号，正处于快速发展时期。

第一章
仿真分析系统概述

第一节 仿真分析系统基础

一、仿真分析系统的基本概念和特点

(一) 仿真分析系统的基本概念

系统仿真是指以系统模型为基础，以计算机为工具，对目标系统进行实验研究的一种方法。电力系统仿真是以原始电力系统参数与运行原理为基础，建立对应模型来模拟电力系统实际物理过程。

电力系统仿真技术主要有三大类，即电力系统动态模拟仿真技术、电力系统数模混合式仿真技术以及电力系统全数字仿真技术。本书所讲的事故仿真分析系统，就是利用电力系统数模混合式仿真技术将实际生产过程中的各类电力故障模拟重现的系统。它由数字子系统与模拟子系统两部分组成，数字子系统是以电网一次系统设备与发电机参数为基础建立的数字仿真系统，模拟子系统则是由一系列对电网一次设备进行保护控制的电网自动化设备组成的系统。

(二) 仿真分析系统的特点

仿真分析系统通过数字计算机将变电站一次系统部分进行实时仿真计算，并组建二次设备形成现实物理系统。

该系统具有以下特点：

(1) 不影响系统正常运行。电力系统对稳定性与安全性要求高，不允许在实际系统上人为设置故障进行分析，该事故仿真系统结合数字仿真和物理仿真，可以在不影响实际系统正常运行的前提下进行故障分析。

(2) 事故仿真结果准确。事故仿真分析系统综合了数字仿真和物理仿真优势，能够较真实地模拟系统电气元件，将故障发生时的二次系统状态还原，准确地反映系统的动态过程。

(3) 故障模拟种类丰富。事故仿真系统不仅可以模拟实际生产过程中所遇到的单一故障，还可以对各类发展性故障做到准确模拟。

（4）系统拓扑具有拓展性与灵活性。事故仿真系统能够对一次系统设备参数进行灵活的修改，对自动化保护装置进行增删，以此实现对实际系统的快速模拟。

二、事故仿真分析系统的目的

继电保护系统动作原因分析与故障定位是系统事故处理的重要环节，直接决定事故影响范围和经济损失水平。正确、及时分析继电保护装置动作信息和异常状态，有助于迅速定位设备故障位置，消除现场事故隐患，加速事故处置流程和供电恢复进程，对于提高电力系统安全稳定运行具有重要意义。

电力系统继电保护具有知识要点多、技术难度大、二次回路杂等专业特点，随着电力系统的持续发展和前沿技术的投入使用，继电保护从业者的专业技能水平与电网技术的快速更迭之间出现了更大矛盾，这对从业人员提出了更高要求。日益坚强的电网架构和日趋稳定的保护装置，让从业人员直面设备缺陷和故障分析的机会少之又少，综合分析辨识能力随之下降。在此背景下，倘若电网发生大规模复杂性故障，经验缺乏的从业人员往往难以从复杂信息中抽丝剥茧，对事故现场的故障点定位和事故原因分析无法及时提供有效帮助，这会成为保障电力系统安全稳定运行的技术隐患。

仿真分析系统可以有效重构电力系统故障的真实场景，高度还原电力系统事故发生时的保护动作信息和故障波形信息。加强继电保护事故仿真分析锻炼，是快速提升继电保护从业人员对故障信息的综合分析能力，培养一批"拉得出、冲得上、打得赢"应急队伍的有效途径，对打造一支适应新型电力系统发展的高质量人才队伍意义非凡。

第二节　仿真分析系统的主要功能

一、验证事故分析

当电力系统发生故障时，继电保护动作切除故障后，工作人员还需尽快查明故障原因，以便采取相应防范措施。分析事故时，工作人员经常需要根据现场各类信息进行假设或推测，当保护装置发生拒动或误动使得事故扩大时，情况就更加复杂了。另外，发生事故时，如果现场值班人员忙于处理事故，未能正确地记录继电保护和自动装置的动作情况，也会给事故分析增加困难甚至造成混乱，使得故障推测出现偏差。工作人员利用仿真分析系统可以对出现的故障进行模拟，将仿真分析系统故障前后的波形、数据与实际故障后的波形数据进行对比，这样就可以验证故障分析是否正确，以进一步确定实际故障的原因，有助于研究有效的防范措施。

二、检验系统运行方式

系统运行方式安排是否合理关系到系统运行的稳定性与安全。利用仿真分析系统对实际系统进行模拟，可以知道实际系统运行方式安排是否合理。例如，通过故障时电流量幅值大小可以知道该处短路容量是否超标，通过电压量幅值大小可以知道系统是否存在过电压，以及断路器单相跳闸后非全相期间是否存在振荡，重合成功后或重合于故障后系统是否稳定，事故跳闸后潮流分布是否合理，安全稳定装置动作是否正确等，都可以从仿真分析系统中得到答案。仿真分析系统可以验证当前运行方式的合理性，有助于及时调整运行方式，提高电力系统安全稳定运行水平。

三、测试系统参数

电力系统中一般元件都可以用试验方法测得其参数。但有的元件如部分全星形变压器的零序阻抗，因是非线性值，故其参数很难用一般试验方法测得，此时可利用仿真分析系统在故障时记录的相关电气量（零序电流和零序电压）来测得其零序阻抗值，并且从仿真分析系统中的录波图上也可直接看到由于零序阻抗非线性而造成的零序电压波形畸变。因此，仿真分析系统不仅可以用来核对系统参数和短路电流计算值的正确性，还可以用来测得某些难以用普通试验方法得到的元件参数，以便及时修正相关计算模型参数，为继电保护整定计算及系统稳定计算提供可靠数据。

第三节　仿真分析系统的基本架构

一、仿真分析系统的总体要求

（1）仿真分析系统应采用先进的仿真支撑技术、仿真建模技术，建立变电站一次系统的全物理、全过程的精确数学模型，能逼真地模拟变电站各种运行工况和各种故障现象。系统具备常规变电站和智能变电站混合仿真功能，可以同时接入模拟装置和智能化装置，实现常规变电站和智能变电站二次设备的混合仿真测试，全面满足电网运行及检修的实际需要。

（2）采用电磁暂态仿真算法实现数字电网仿真的真实性、实时性、一致性和高度可靠性。在正常操作和一次设备发生故障情况下，仿真时间应与物理时间完全一致，提供的电气量波形应与现场故障录波器采集的波形一致。

（3）能够模拟电网一次设备发生的各类故障和二次回路故障，能够满足二次设备及回路故障处理的培训需求。

（4）系统具有详细、通用的电力系统模型，建立与实际电网及变电站的一次设备完全一致的全动态数字模型，可以完整、严格、精确地对现场各种行为进行全范围仿真，应建立准确的外网等值模型，能真实反映实际电网情况。

（5）仿真分析系统包含的直流系统、保护装置、变电站综合自动化系统等组件之间的连接方式应与现场实际连接方式相一致。通信方式和协议与现场一致。与真实设备相连接时，仿真分析系统的动态响应时间能与实际系统完全一致，保证真实设备响应的有效性。

（6）系统运行稳定、可靠。仿真模型软件程序运行稳定、收敛性好，系统具有良好的鲁棒性，用户的各种操作以及运行方式的任何变化都不会造成中途停滞、中断或死机。

（7）仿真分析系统具有很好的稳定性和可维护性，具有图形化、模块化、交互方式的建模环境，能根据现场生产流程方便地实现电网一次主接线系统的图形建模。

（8）在仿真分析系统上设置的各类异常故障，所产生的保护信息、故障报文、故障录波波形等应与实际相符，不违反基本的物理规律。

二、仿真分析系统的总体流程

仿真分析系统负责变电站一次系统部分的实时仿真计算。数字仿真系统包含丰富的电力系统元件模型，如发电机、电动机、变压器、负荷、断路器、输电线、电抗器等，能够根据变电站接线结构、元件参数对变电站一次系统的运行情况进行准确计算，实时输出与变电站相同的电压、电流波形。用户可以通过图形界面对电网结构和元件参数进行修改，并可灵活地改变系统一次接线方式，从而对变电站运行情况进行完整的仿真模拟。同时，该系统接入了与真实变电站一致的各型号二次设备，能够真实反映故障发生时保护的动作情况。

本书使用的仿真分析系统能够根据系统一次接线情况对变电站内运行情况进行实时暂态仿真计算，再通过高速光纤通信系统将计算结果采用光纤信号输出到外部的高速通信和信号转换系统主机（信号转换箱）。对于常规变电站，信号转换箱将光纤信号变成模拟信号，然后经功率放大器送入实际的变电站二次设备。同时，信号转换箱将实际变电站设备输出的断路器操作、保护跳闸、重合闸等控制信号转换为光纤信号反馈至高速光纤通信系统。仿真分析系统根据反馈信号实时改变一次系统的拓扑结构和运行参数，从而形成完整的实时闭环仿真，如图 1-1 所示。

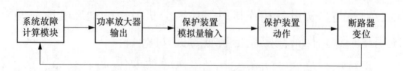

图 1-1　仿真分析系统流程图

第二章
仿真案例分析流程

第一节　现场信息标准采集

一、现场信息采集要求

现场设备事故调查与处理是继电保护工作的重要组成部分，对提高电网设备健康水平、保证系统安全可靠运行具有重要意义。现场事故处理时，设备基础资料与状态信息的收集及时性、正确性和全面性对于后续事故分析与处置极为重要。

为提升现场信息采集的效率，结合不同事故类型的特点，编制了典型事故现场信息标准采集表（以下简称采集表）。采集表主要包含信息收集、梳理佐证、事故分析三个阶段，信息收集阶段主要摘录现场初始信息，梳理佐证阶段主要对初始信息进行梳理分析和证据复核，有效保证事故现场信息收集无遗漏，为后续事故分析阶段明确设备故障点及一、二次缺陷提供充足的材料，以便顺利完成事故分析报告的撰写。

二、变电站现场信息标准采集表

（一）信息收集填写说明

在事故调查的最初信息收集阶段，不仅要全面记录事故发生前后的各种初始信息，更要有针对性地收集关联信息，为后续事故分析与报告撰写汇集素材。

（1）事故前运行方式：记录事故前的电网主接线方式，尤其要关注潮流方向及电源点。

（2）事故后运行方式：如实记录事故后跳闸或者重合过的断路器，包括停电设备情况。

（3）保护装置初始状态：收集保护装置的实际定值、重合闸方式把手位置及相关功能压板、出口压板的投退情况，这对于分析保护动作正确性有重要参考价值。尤其是线路保护的重合闸方式、变压器保护的跳闸矩阵、母线差动保护的互联分列压板等初始信息，遇到异常的现象及时记录到备注栏。

（4）后台信息：及时整理收集后台事件顺序记录（SOE）报文，检查 SV/GOOSE 二维表的变化情况，并记录相关遥信变位及事故前后的装置告警信息。后台信息的记录整理对定位事故原因及事故发展过程有着重要作用。

（5）保护动作报文及波形：保护动作报文是确定事故时序的最关键证据，要与故障录波器波形及现场后台 SOE 报文对照梳理分析，110kV 及以下的线路保护还要关注保护装置记录的波形收集。

（6）故障录波器波形文件：故障录波器作为监测设备运行工况及分析保护动作行为的证据，在事故信息收集时必须全面收集故障录波器波形文件。线路保护事故调查时不仅要调取本间隔故障录波器的波形文件，更要关注上级变压器保护及对侧线路的波形文件，必要时核查事故发生前是否有异常波形记录。

（7）光纤通道数据记录：220kV 及以上线路主要以光纤差动保护为主保护，随着新能源接入比例增加，110kV 及以下线路中配置光纤差动保护的比例也日渐增大。故而在线路保护事故调查时要特别关注记录光纤通道的相关数据，与上一次试验报告进行比对。

（8）非电量保护信息：非电量保护是主变压器本体的主保护，在主变压器事故调查时务必关注非电量保护的告警及动作情况，这对于确定故障原因很有必要。

（9）相关电流互感器（TA）变比及配置：事故调查信息收集时还需要关注间隔 TA 绕组变比及配置情况，以便核对站内其他测控、故障录波等装置信息及最大短路电流的计算。

（二）梳理佐证填写说明

在事故调查阶段，需要及时对初始信息进行梳理佐证，以便及时发现并补全缺失的信息。梳理佐证阶段主要着眼于信息梳理及初步结论的提炼。

（1）保护动作佐证：核查双重化保护的动作时序是否存在差异，对照线路两侧保护的动作报文，排除二次缺陷导致保护不正确动作的可能性，根据选相结论与测距数据推测线路故障点。

（2）故障测距与短路电流：线路故障位置测距及最大短路电流对于缩小故障点范围及评估故障对主变压器本体的冲击有重要作用，要第一时间根据两侧保护测距缩小短路点范围，并结合故障录波器和保护动作时的电流值确定最大短路电流。

（3）现场装置时序：为高效利用后台信息、保护报文及故障录波器的波形文件等信息推断事故发展时序，必须高度重视时标一致性确认。现场调查发现，部分变电站内的保护装置、故障录波及后台信息并不同步，因此要在现场及时选定标准时刻装置及相对时差，避免后续事故分析与撰写报告时形成误导。

（4）运行人员交流信息：运行人员作为现场设备主人，对于设备前期运行情况及事故发生前后的相关信息掌握最多，现场事故调查时要把运行人员反馈的针对性信息进行整理，结合调查分析的初步结论进行佐证。

（三）事故分析填写说明

事故分析阶段，主要对前两个阶段的信息整理复核后提炼出调查结论，整合其他相关专业的调查试验结论，为撰写事故分析报告做好准备。

（1）一次故障点：根据线路保护故障测距及相关专业排查结论，确定一次故障点位置及最大短路电流。

（2）一次缺陷记录：记录现场事故调查中所发现的与事故发生及发展有关联的一次设备缺陷，包括短路、断线、机构破裂等。

（3）二次缺陷记录：记录现场事故调查中所发现的与事故发生及发展有关联的二次设备缺陷，包括定值、压板、回路、板件等。

（4）现场时序梳理：利用后台信息、保护报文及故障录波器的波形文件，汇集一次、电气试验等专业的调查试验数据，梳理事故发展时序及后续影响。

（四）保护事故现场信息标准采集表

保护事故现场的信息采集内容可按表 2-1 所示模板进行填写。

表 2-1　　　　　　　　　　保护事故现场信息标准采集表

时间：	变电站：		事故元件：	
工作阶段	步骤	工作项目	采集情况	备注说明
信息收集	1	事故前运行方式		
	2	事故后运行方式		
	3	装置状态记录（定值、压板、把手、跳闸矩阵、告警信息等）		
	4	后台信息（SOE 报文、遥信变位、相关告警信息）		
	5	保护动作报文及波形		
	6	故障录波器波形文件		
	7	光纤通道数据记录		
	8	相关 TA 变比及配置		
	9	非电量保护动作情况		
梳理佐证	1	保护动作佐证（双套、两侧保护动作是否一致）		
	2	最大短路电流、测距		
	3	故障录波器、后台及保护装置的对时一致性比较		
	4	运行人员现场反馈信息		
事故分析	1	一次故障点定位		
	2	一次缺陷记录		
	3	二次缺陷记录		
	4	保护动作时序梳理		

（五）仿真案例分析现场信息标准采集表

开展事故仿真案例的分析，有助于锻炼继电保护专业人员现场事故分析能力，提升从业人员事故处理实战技能。事故仿真案例分析一般以实际发生的事故作为事故仿真来源，结合特定的故障设定与二次缺陷，模拟出不同难度的案例分析场景，以便应用于不同层次的从业人员技能训练。与现场实际事故调查相比，仿真案例现场采集更侧重于事故波形、保护动作序列的梳理与分析，对一次设备及现场运行状态、事故经济影响及现场工作人员处理等相关背景知识要求要比事故分析报告简单。根据事故仿真案例分析的侧重点，制定了适用于仿真案例分析现场信息采集表，如表 2-2所示，并基于此表采集的信息内容进行事故仿真分析报告的撰写。

表 2-2   仿真案例分析现场信息采集表

序号	项目	信息记录（含要求）
1	事故前运行状态	（包含事故前一次接线图、主要设备保护配置情况及主供电源）
2	事故后运行状态	（包含事故后一次接线图、跳闸及重合情况）
3	事故发生初始时刻	（根据保护装置、故障录波器、后台 SOE 记录事故初始时刻）
4	保护动作信息	（记录各变电站保护动作信息，包括时刻、装置、动作事件及跳合闸结果）
5	事故波形文件	（摘录事故发生时的相关故障录波波形文件用于分析）
6	确定一次故障位置及短路电流	（综合保护及故障录波信息，确定一次故障点，明确最大短路电流）
7	摘录一、二次缺陷	（记录仿真练习时发现的一、二次缺陷）
8	复盘事故发展进程	（根据事故波形、保护动作及现场发现的缺陷，梳理事故发展情况）
9	总结仿真案例启示	（根据仿真案例分析，提出现场运维检修中的注意事项）

第二节 事故分析报告撰写

事故分析报告是开展事故调查后撰写完成的书面报告，要求事故过程介绍客观全面，事故原因分析精确清晰，暴露问题剖析鞭辟入里。事故分析报告不仅能作为相关单位事故汇报的重要文本，也是宣贯借鉴的重要材料。电力系统继电保护事故分析报告的基本撰写要求包含以下六个方面。

一、报告标题及概述

事故分析报告的标题应信息全面且简明扼要，包含事故地点、变电站站名、事故直接原因等要素，让阅读者能够第一时间掌握事故分析报告的要领，示例：《新疆 750kV ××变电站 220kV Ⅱ母失压事故分析报告》。

第一段介绍事故概述，包括事故发生时间、变电站、直接原因、造成后果、负荷损失情况及抢修恢复送电时间。示例："2011 年 12 月 28 日 11 时 02 分，新疆电力公司 750kV ××变电站 220kV 母线差动保护动作跳闸，造成 220kV Ⅱ母失压，新疆南部电网与主电网解列，电网区域稳控装置动作，切除南部电网负荷 19.68 万 kW，12 时 40 分恢复原运行方式。"

在本书的事故仿真分析报告中，对于故障造成的经济后果、处置手段等相关背景知识要求要比实际事故分析报告简单，更侧重于从保护动作情况与波形特征定位故障点，判断缺陷情况，故本书所列的事故仿真分析报告中省略了事故概述部分，标题定为主要的一次缺陷问题，便于读者定位查找。

二、事故前运行状态

事故前运行状态主要介绍事故发生前的电网运行方式、保护装置的投入状态和异常告警状态等信息，一般要求附上主接线图。

三、事故后运行状态

实际故障分析报告一般不对事故后运行状态予以展示，然而事故后断路器的变位情况对于快速理解和定位故障区域具有重要借鉴意义，故本书将故障后的运行状态纳入报告模板内。

四、事故信息采集

事故信息采集是事故分析报告的先导部分，需要详细记述整个事故发生过程，明确事故故障点及短路电流等关键数据，还应包括事故发生时现场人员工作情况、现场各保护的动作先后顺序及断路器变位情况，此外也应体现引发的电网后果及负荷损失情况。根据事故采集情况，读者能够快速掌握整个事故的发展过程。

本书在不影响实际电网正常运行的前提下，利用电力仿真系统进行故障分析。因此，在报告方面主要体现仿真案例分析现场信息采集表中梳理的保护动作时序。

五、故障分析

故障分析是事故分析报告的主体部分，将前期事故现场信息采集表中收集梳理的各类报文和波形信息，整理后撰写在故障分析这一部分，力求以客观事实讲清楚事故发生的直接原因、间接原因及直接责任方。在本书的仿真案例分析中，不界定直接责任方。此外，故障分析中还会记述事故调查人员的调查顺序及原因分析依据，现场照片、相关波形及保护动作报文等佐证材料也会在这一部分中有序展开。

六、故障总结

故障总结是对事件的回顾与评价，要尊重客观事实，以事实为依据，总结出本质的、有规律的、对日后工作开展具有借鉴意义的问题。通过对典型问题的学习，进一步汲取经验，提高分析管理水平，减少错误的发生，降低故障损失。本书基于自身特点，将各案例的故障点、一次缺陷、二次缺陷与相关知识点总结于报告最末，便于读者按需阅读相关案例。

第三章
二次缺陷分析

电力系统继电保护和安全自动装置（以下简称继电保护装置）是在电力系统发生故障和不正常运行情况时，用于快速切除故障，消除不正常状况的重要自动化技术和设备。电力系统发生故障或危及其安全运行的事故时，它们能及时发出报警信号，或直接发出跳闸命令以终止故障或事故。在电力系统发生一次故障的时候，二次继电保护装置能准确记录故障发生时间和情况，为事后故障分析提供重要参考。但是当二次设备存在缺陷和问题时，其记录数据和动作行为将异于常态，可能导致装置拒动或者误动，给故障行为分析带来困扰和阻碍。因此，了解二次设备缺陷对故障时保护动作行为的影响，将给故障分析带来极大帮助。

第一节　二次缺陷基本分析原则

一、缺陷分析原则

分析二次缺陷的重要原则是区分二次缺陷存在与否时装置信息的异同点。

当发生故障后，二次装置的信息收集主要集中于一次断路器状态、保护设备、故障录波设备、后台信息等，包括故障前后一次状态差别、保护动作报文、故障录波图等基本信息，提供最为直接的故障分析依据。在定位故障发生时刻、故障位置和故障类型后，需要展开故障溯源和故障过程梳理，并将故障推论内容与实际搜集信息进行比对，如出现分析结论和实际状况不符的情况，就需要考虑是否存在二次缺陷。二次设备种类多、环节多、接线复杂、逻辑复杂，二次缺陷较为隐蔽，因此需要有合理和清晰的分析思路来指导二次缺陷的调查发现。

二、二次缺陷分类

如果将保护装置作为动作行为的主体，其动作行为由三部分组成：一是输入，包括采样输入和开入量，是构成保护装置逻辑判断的主要依据；

二是主体逻辑，即装置自身通过输入量进行逻辑判断输出动作与否的逻辑过程；三是输出，即出口相应的动作行为并通过光/电信号交由操作箱、智能终端或其他二次设备进行下一步动作处理。因此，二次缺陷的发生也可基本分为三类，即输入缺陷、主体缺陷、输出缺陷。

所谓输入缺陷，即装置输入量异常，主要包括采样量（电流、电压）异常和开入异常，其出现的原因多来自回路缺陷，包括接线异常（漏接、错接、断线等）、端子松动（虚接）、寄生回路、回路短路、回路接地等情况。其带来的结果也多种多样，主要表现在装置的采样和开入异常及装置错误动作上。

主体缺陷是装置自身设置错误导致的错误动作行为，包括装置参数设置错误、定值误整定、装置软压板和硬压板误投退等，其在输入/输出环节上均正常进行，但表现为装置自身的错误动作。

输出缺陷即装置采样及动作行为均正确，但在动作信号输出上出现问题，主要的缺陷原因包括出口压板误投退、直流回路异常等。

在智能变电站中，由于光缆取代了大量电回路，其回路缺陷也相应减少，但随之而来的是智能变电站配置中的二次缺陷，这个缺陷情况在输入和输出侧均会产生影响。

了解二次缺陷可能发生的位置和种类，有助于提高故障分析的逻辑性和条理性，下面也将从这几个角度出发深入讲解各种回路缺陷情况及分析方法。

三、二次缺陷分析基本方法

二次缺陷类型多种多样，逐个排查将会花费大量时间，故需要寻找切实可行的逻辑路径进行二次缺陷排查和分析，从易到难，从浅入深，从可能性最大的情况开始着手，掌握合适的方法，高效进行二次缺陷分析。

（一）关注故障前状态

二次缺陷存在早于故障发生时刻，因而很大一部分二次缺陷在故障前便存在对应的现象，如采样异常导致的装置差流越限、断线、过负荷、零/

负序电流（电压）等。最明显时，装置面板上会有相应的告警灯，也可以通过菜单进入装置保护及启动开入、装置自检信息中准确了解现有异常开入和告警情况，由此可以第一时间了解装置在输入侧发生的异常情况。

（二）检查压板和定值

装置的压板和定值情况是相对比较容易排查的项目，原因在于其情况的稳定性和可参考性。装置压板的投入和装置运行情况高度相关且变化性较小，因而很容易在压板上发现问题所在。装置定值可通过和定值单比较迅速得知异常与否。这两项工作所需思考量较小，不会影响到其他分析工作的进行。

（三）比较相邻间隔

与故障发生位置邻近的双回线或者并列运行的双变压器，当故障发生于其外部时，动作行为往往差异性不大，当相邻间隔装置间的动作行为存在不同时，需考虑其可能存在相关二次缺陷。

（四）比较双重化保护设备

对于双重化配置的保护装置，排除不同厂家之间的逻辑差别，其动作行为应当完全相同，且二次缺陷同时存在于双重化配置的两台保护装置之中的概率相对较小。通过比较其动作间的差异，可以第一时间定位二次缺陷的发生位置。

（五）合理利用装置录波

装置录波是寻找二次缺陷最为重要和精确的途径，对于大部分采样异常导致的二次缺陷，均可从录波中找到蛛丝马迹。一方面，可以纵向比较事故发生前后采样差别，确定装置是否存在断线、短路等缺陷状况；另一方面，通过比较相邻线路和装置故障前的采样大小、相位，可以捕捉由于极性错误、相序错误等造成的二次缺陷。

第二节　采样回路缺陷

电流、电压回路是采样量输入回路，是采集电力系统潮流信息的重要部分，也是继电保护装置发挥作用的起点，其完好性直接影响着保护系统的正确动作。

需要注意的是，不同型号的保护装置对二次采样异常有自己的判断和处置措施，以 PCS-978 为例：电压互感器（TV）异常的判据为正序电压低且电流满足有流判据，或负序电压大于定值；电流互感器（TA）异常的判据为长期存在零序或者负序电流。对于大部分保护来说，TV 异常会导致相关保护失去方向性，TA 异常会导致相关保护闭锁。由此带来的保护影响在后文不再赘述。但该异常判别并不能发现所有的电流、电压回路缺陷情况，且判定延时较长，在过程中仍有可能发生故障造成保护动作，因此仍需考虑故障情况下存在该类缺陷的可能性。

一、TA 极性接反

TA 极性接反最常表现于存在差动保护的装置中。正常情况下，规定电流由母线流向线路为正方向，在正常运行和发生外部故障时，二次回路中有电流流过，此时电流从一端流进另一端流出，不考虑线路的电容电流和不平衡电流，线路两端流过电流相等，差流为零。当存在 TA 极性接反时，装置内在负荷状态下仍会存在差流，装置会相应报长期有差流或者差流越限告警，并进一步闭锁差动保护，当故障发生时，造成装置拒动。若装置负荷较小，未有差流告警，则发生外部故障时，装置在 TA 极性相反相会出现较大差流，导致装置误动；而对于差动范围内的故障，可能会造成差动拒动。

对于未配置差动保护的保护装置，极性相反的缺陷也会对保护装置内与方向相关的保护产生干扰（如距离保护和零序方向过电流保护），直接造成其保护动作行为错误。另外，若为单相极性相反，则会带来负序和零序电流，进一步影响零序过电流保护或者相关保护动作。

对于该类二次缺陷，最有效的辨别方法是观察故障前的录波图，检查三相之间的相序关系和零序电流大小，有条件时可以通过双重化的两套保护之间的录波或者双变压器、双回路之间的录波进行比较，确定正确相位，从而明确二次缺陷所在。需要注意的是，可能存在某一绕组极性接反而录波器采样取自另一绕组的情况，此时应当通过装置报文辅助判别，有条件时可调取装置本身录波来明确判断。

二、TA 断线

TA 断线告警的主要类型包括交流电流回路故障引起的 TA 断线告警、电流互感器特性不佳引起的 TA 断线告警、主变压器抽头调节引起的 TA 断线告警，以及 TA 变比设置错误引起的 TA 断线告警。

TA 断线后，保护装置可选择闭锁保护功能或者不采取闭锁，当 TA 断线闭锁保护装置时，一旦保护范围内发生故障，其相应的保护将无法切除故障。如母线保护中 TA 断线通常设置为闭锁母线差动保护，此时若母线发生故障，母线差动保护将无法动作，后果将不堪设想。若 TA 断线是由于负荷大幅增加、TA 特性不好引起，而非交流电流二次回路故障引起，此时如果不及时分析找出 TA 断线原因，不采取有效应对措施，当系统发生故障及系统波动时将有可能扩大事故。

TA 断线不闭锁保护装置时，若负荷增大或系统波动，电流（差流）达到保护启动定值，极有可能引起保护误动。如变压器保护 TA 断线通常设置为不闭锁保护，若 TA 断线是由于调节主变压器抽头、负荷大幅增加引起，并不是交流电流二次回路故障引起，此时如果差动范围外发生严重短路接地故障，有可能引起差流越限动作。

充分利用保护装置各类信息，是分析、发现 TA 断线故障原因的重要手段。如母线保护发 TA 断线告警后，首先应分别检查各段母线小差差流值，确定哪段小差电流越限。注意，由于采样时间间隔的影响，看到的差流值不一定达到越限整定值，通常是差流大的那段母线的电流回路有故障。确定某段小差电流异常后，再检查该段三相差流，确定哪一相差流越限。若三相差流幅值差别较大，电流幅值较高的那相电流回路可能存在故障；若三相电流幅值差别不大，一般不是电流回路有故障，可以考虑可能是由于负荷过大引起。依次进入该段母线联络的各个间隔，检查各相电流采样值，若某间隔 A、B、C 三相电流幅值相差较大（正常时 A、B、C 三相电流幅值应相差不大），差值与该段小差差流幅值较接近，则电流大的那相电流回路可能存在问题；若电流三相幅值相差不大，检查一下是否有线路负荷大幅增加引起差流变大；若各段母线小差差流幅值大小相等，方向相反，则可以确定是母联间隔电流二次回路出现问题。同样对比母联间隔 A、B、C 三相电流幅值，即可判别哪一相电流出现问题。

变压器保护发 TA 断线告警后，首先应检查是哪一套变压器保护（目前主变压器均为双保护配置）发出的 TA 断线告警；如果双套变压器保护均发 TA 断线告警，一般是因过负荷引起，主变压器两套 TA 二次回路同时故障的可能性比较小。只要简单比较两套保护差流值，差流接近告警整定值的变压器保护电流二次回路可能存在问题。同样注意由于采样时间间隔的影响，看到的差流值不一定达到越限整定值，但应接近差流越限整定值。查看主变压器各侧电流采样，通过对比每侧三相电流幅值（正常时各侧三相电流幅值差别不大），即可查出哪一侧、哪一相电流回路可能故障。

三、TA 绕组错接

TA 绕组错接大致可分为两种情况，一是不同保护间 TA 绕组错接，二是保护 TA 与测量或计量 TA 反接。

电流互感器分为测量、计量与保护 3 种类型。保护 TA 要求电流互感器在一次电流很大时，铁芯也不应该饱和，能较好地按比例反映一次电流值，保证保护装置正确动作；而在正常电流下，不要求很高的准确度，准确度一般为 P 级，如 5P、10P 等。测量 TA 只要求在正常电流下保证较高的准确度，使测量准确，而计量用电流互感器要求精度更高，因为它关系到电能计费的问题，很小的误差反应到一次侧将导致很大的计量偏差，所以测量一般用 0.5、1.0 级（0.5 级一般是测量用，测量精度是 0.5%），计量用 0.2 级的电流互感器，在一次电流很大时，铁芯应该饱和，保护仪表不被损坏。

对于采用不同绕组 TA 的保护装置配合，由于绕组位置不同，保护范围也有所不同，一般要求不同保护装置间的保护范围交叉配置，以应付死区故障，如母线差动保护和线路保护之间的保护范围交叉。若所用 TA 绕组错接，可能导致保护范围与设计情况不一致，从而导致保护误动或拒动。

对于保护 TA 和测量 TA 错接的情况，在装置正常运行时可能并不会产生太大问题，但当发生故障时，由于测量 TA 的暂态特性和高电流下的精度较差，无法准确反映故障后的电流大小特征，将导致保护无法第一时间判别故障造成装置拒动，对于配置差动保护的装置，当区外故障时还可能由于差流导致装置误动。

对于此种情况，在正常运行时往往难以发现，仅能依靠故障发生后录波波形的畸变判断其 TA 特性问题，并通过检查现场接线来发现缺陷所在。

四、TA 相序错误

TA 相序错误包含两种情况，一是某两相反接，如 ABC 接为 ACB；二是三相错接，如 ABC 接为 BCA。

当发生区内一次故障时，TA 相序错误将导致装置选相失败造成错误动作；对于区外故障，也可能因为差流造成保护误动。对于两种错误情况，故障现象有所差异：当发生两相反接时，装置正常运行时存在与运行电流大小相等的负序电流，在负荷电流较大时，装置可能会报长期有差流告警而闭锁差动保护，带来保护拒动风险；当发生三相错接时，由于正常运行情况下三相对称，装置自身电流并无异常，但两侧装置均会出现三相差流，在发生不对称故障时，装置会出现与两相反接类似的情况。因此，需根据故障前电流和故障后录波综合判断可能存在的此类缺陷。

五、TV 断线

TV 断线后，闭锁电压相关启动元件（相低电压、相间低电压、零序电压），对于 220kV 线路保护，距离保护退出，零序电流Ⅱ段退出，零序电流Ⅲ段退出方向，远方跳闸保护闭锁与电压有关的判据，对于其他保护装置一般开放电压相关闭锁量。在此情况下，其保护动作可靠性将极大降低。

TV 回路断线的可能原因包括二次电压回路接线端子松动、接触不良、回路断线、断路器或隔离断路器辅助触点接触不良、熔断器熔断、二次电压回路断路器断开或接触不良等。

一般 TV 回路断线，在非故障下可借由装置报警信息了解，但对于部分装置跳闸后不再显示 TV 断线告警信息的，需翻看相关故障记录，尤其对于电压闭锁相关的保护误动，要确认误动原因是否与 TV 断线相关。

第三节 直 流 回 路 缺 陷

一、控制回路断线

控制回路断线信号回路是由跳位继电器（TWJ）动断触点与合位继电器（HWJ）动断触点串联构成，当 HWJ 和 TWJ 同时失压时，两者动断触点同时闭合，回路接通，保护报控制回路断线信号。显然，只有当断路器跳闸或合闸回路的完整性被破坏时，才会出现这种异常情况。

其原因主要有以下几种：

（1）控制电源熔丝熔断或空气断路器跳开，TWJ、HWJ 继电器同时失磁，控制回路断线信号报出。

（2）跳合闸线圈损坏，回路不通。

（3）断路器辅助触点 QF 出问题，同样引起外回路不通。

（4）由断路器机构箱引至控制回路的各种闭锁信号（如弹簧未储能、气压低闭锁等），引起控制回路断线。

当控制回路断线发生时，一次发生故障，将直接导致保护拒动。

对于控制回路断线，首先需要判断断路器位于合位还是分位，继而判断缺陷发生于跳闸回路还是合闸回路，然后通过电位判断缺陷具体位置。根据其主要原因，可以检查以下几点：检查控制电源熔丝或者空气断路器有无故障，查看操作箱的 TWJ 或者 HWJ 的灯是否亮，检查机构回路是否完好，检查弹簧是否未储能或者是否储能不到位。

二、跳闸出口回路错位

220kV 线路断路器在单相重合闸时，会先跳开故障相断路器，再延时重合故障相断路器。在瞬时故障时，线路断路器重合成功后即可以正常运行。如果跳闸出口回路相间错位，会先跳非故障相断路器导致故障未被切除而造成三相跳闸不重合。如此一来，则瞬时性故障时线路断路器最终是跳闸状态，无法自动恢复正常运行状态。

遇到上述情况，首先根据报文判断是否发生选相错误或者跳闸失败等与此缺陷相关联的情况，继而检查保护至操作箱、操作箱至机构箱的二次回路，查看方向套顺序是否正常，查看线芯编号是否正确。

三、防跳回路相关缺陷

防跳继电器的作用是在断路器同时接收到跳闸和合闸命令时，有效防止断路器跳跃，断开合闸回路，将断路器可靠地置于跳闸位置。按照防跳继电器的安装位置，防跳分为操作箱（智能终端）防跳和机构防跳。国网系统大部分装置采用机构防跳而取消了操作箱防跳。由于仿真过程中大部分采用模拟断路器来仿真一次断路器位置变化，并无真实机构，因而很少有体现机构防跳相关内容，在此仅考虑存在真实机构防跳回路下的情况。

机构防跳中监视回路串入了断路器动断辅助触点和防跳继电器动断触点，若这两个触点被短接，一方面，合闸脉冲来临，机构防跳回路导通，防跳自保持触点闭合，此时跳位监视回路通过防跳回路一直导通，虽然断路器处于合闸状态，但是跳位灯也亮起。串入断路器动断触点后，断路器合位时动断触点断开，监视回路断开。另一方面，在跳合跳的过程中，重合闸命令来临时，保护马上后加速跳闸，在断路器跳闸命令发出到断路器真正断开的时间内，重合闸的命令还在，机构防跳回路仍导通，此时监视回路由于串入了动断辅助触点而断开。在断路器真实跳开之后，断路器动断触点又合上，使得监视回路继续导通，防跳回路由于监视回路的导通而继续导通，若此时没有防跳继电器动断触点，可能导致防跳继电器一直励磁，合闸回路一直断开（由于分压的问题，可能性比较小），将导致断路器无法合闸。

对于此类缺陷，由于现象存在特殊性，当定位到防跳配合问题后，首先需要检查防跳回路设计是否正确，并核对防跳相关接线，以确保防跳回路的正确性。

四、闭锁重合闸回路相关缺陷

操作箱内的闭锁重合闸回路主要涉及几个继电器触点：TJR、TJF、ZJ（手跳）、JJ（装置电源消失）。相关继电器动作后，将导致闭锁重合闸开入保护装置。若触点误开入，将直接影响装置重合闸功能。当发生相关二次缺陷导致装置重合闸失效时，需要检查装置是否有闭锁重合闸开入，再检查相应触点是否导通，从而了解闭锁重合闸原因。

对于部分动态缺陷，如压力低闭锁重合闸和闭锁重合闸触点反接，在故障后将导致压力低闭锁重合闸通过闭锁重合闸触点开入，造成装置重合闸失败，对此类缺陷也应当引起注意。

第四节 压板及定值缺陷

一、TA 变比设置错误

继电保护装置为二次设备，其所用电流/电压来自电流/电压互感器，当互感器的变比和装置所设置变比不一致时，势必会带来一定的影响。下面以电流为例进行说明。

对于线路保护装置来说，常规变电站和智能变电站的情况有所不同。常规变电站保护装置接收的电流即为二次电流，其用于本装置的保护逻辑判断时不再受变比影响，因而装置变比设置错误不会对装置的距离、零序、过电流等各类型保护产生影响。但对于常规变电站的差动保护来说，装置会将二次值转换为一次值向线路对侧传输，因而变比设置错误会直接造成装置差流错误，导致保护拒动或误动。而智能变电站情况则正好相反，由于光纤传输的电流量为一次值，需要在装置内经由变比转换为二次值，所以在变比设置错误后，本装置的各类保护均会受到影响。但对于智能变电站的差动保护来说，其直接通过两侧一次值的比对，因而差动保护并不会受到影响。

对于变压器保护来说，后备保护的情况与线路保护类似，而对于差动保护，各侧的电流需要经过幅值补偿后再统一进行差流计算，变比大小的不同会直接改变该侧参与到最终计算的电流大小，因而造成差流与实际不符，导致造成误动或者拒动。

对于此类缺陷，一方面可通过定值校验排除参数设置错误；另一方面，在运行状态下可通过差流值的大小判断是否存在潜在的变比错误问题。

二、装置钟点数整定错误

变压器的高低压侧往往采用 Yd11 接线方式，因而在保护装置进行计算时，需要进行相应的相位补偿。为此，变压器保护装置内通常存在可整定的钟点数以确定补偿形式。如果钟点数设置与实际不符，就会导致差流出现。例如，钟点数误设为 12，装置在正常运行情况下，相位补偿后高压侧和中压侧的电流量会存在 30°的夹角，从而导致保护装置误动或报差流告警。

对此情况，一方面可以通过定值核对来规避；另一方面，可在确认采样无误的前提下检查系统差流，通过反相计算得到高低压侧角度差，从而确认钟点数有无错误。

三、装置隔离开关强制压板误投入

在母线保护装置进行差流计算时，需要知道对应线路位于哪一条母线上，一般通过隔离开关（刀闸）位置触点进行该判断，当由于某种原因导致隔离开关位置错误时，可以通过强制方式指定隔离开关位置，常规变电站通过模拟盘隔离开关强制使能，而智能变电站通过隔离开关强制使能软压板。通常情况下，强制使能投入后会屏蔽原有的隔离开关位置而强制判定为指定位置，因而当故障修复后，若未及时退出隔离开关使能状态，将可能导致线路位置误判导致误动，并错跳无故障母线。

对于此种情况，一方面装置本身可能会报隔离开关错误，应及时关注其告警状态；另一方面正常运行下的差流也会反映该问题的存在，尤其是装置大差为零而存在小差的情况。

四、功能压板退出或控制字退出

保护投入相关的硬压板、软压板和控制字与保护动作与否存在最直接的关系，相关压板和控制字的退出也是保护拒动最主要的原因之一。

在发生故障后，首先关注保护动作与否，在拒动情况下应先检查保护是否投入。

需要注意的是功能压板和出口压板导致拒动的区别：若出口压板未投，装置会正常显示保护动作报文和亮保护跳闸灯；而功能压板未投会直接导致保护不动作。在确认装置保护未动作后，检查相关功能压板和控制字，检查应当有针对性，对于多段式保护或者多时限保护（如距离保护），若整体未动作，优先考虑压板未投；若仅是某一段未动作，应优先检查控制字。

五、通道识别码错误

为提高数字式通道线路保护装置的可靠性，保护装置一般会提供纵联标识码功能，在定值项中分别由本侧识别码和对侧识别码这两项来完成纵联标识码功能。

本侧识别码和对侧识别码需在定值项中整定，范围均为 $0\sim65535$，识别码的整定应保证全网运行的保护设备具有唯一性，即正常运行时，本侧识别码与对侧识别码应不同，且与本线的另一套保护的识别码不同，也应该和其他线路保护装置的识别码不同（保护校验时可以整定相同，表示自环方式）。

保护装置将本侧的识别码定值包含在向对侧发送的数据帧中传送给对侧保护装置，对于双通道保护装置，当通道一接收到的识别码与定值整定的对侧识别码不一致时，退出通道一的差动保护，报"纵联通道一识别码错""纵联通道一异常"告警。通道二与通道一类似。对于单通道保护装置，当接收到的识别码与定值整定的对侧识别码不一致时，退出差动保护，报"纵联通道识别码错""纵联通道异常"告警。从而造成故障发生时差动保护拒动。

该情况易于判别，通过告警信息可以很快定位该缺陷情况。

六、零序补偿系数设置错误

零序补偿系数（K 值）用于接地距离保护中进行距离计算，线路保护装置 K 值的设定一般与两个定值内容相关，一是设备参数中的正序和零序灵敏角和阻抗定值，通过该参数可以计算出 K 值，二是零序补偿系数这一直接定值。两者在多数情况下应当是相互对应的，但是当某一值存在偏差时，就会产生不同影响，前者不会直接影响到保护计算过程，但是会使得测距结果与实际值存在误差，而后者直接参与到保护计算中，在特定情况下将造成保护拒动或者误动。

七、变压器保护方向控制字整定错误

对于变压器保护，其各侧后备保护方向均可整定，出于不同目的考虑，其高压侧保护方向可能指向母线或者变压器，而且高压侧保护往往会取一段不带方向作为总后备，对于单侧电源的降压变压器，低压侧复压闭锁过电流保护可以不带方向。因此，保护方向误整定后，会对保护配合会产生相关影响，导致保护配合不当，产生拒动或者误动。

对于方向整定错误，一般可通过保护动作判断，当出现故障位置与保护动作行为冲突，尤其是该保护某一段动作行为与其余段不一致时（特别是误动，不会与压板投退相关缺陷相冲突），排除压板问题后，检查相关保护定值，确定二次缺陷存在与否。对于兼具保护动作失灵或者其他原因导致故障切除时间较长时，需要注意相关总后备是否动作，排除由于总后备误投方向导致的拒动。

八、重合闸相关

保护装置内可整定的重合闸方式一般有四种。

（1）三相重合闸方式：任何类型故障跳三相，重合三相，重合于永久性故障再跳三相。

（2）单相重合闸方式：单相故障，跳单相重合单相，重合于永久性故障再跳三相，相间故障，三相跳开后不重合。

（3）禁止重合闸方式：单相故障跳单相不重合，三相故障跳三相不重合。

（4）停用重合闸方式：任何故障跳三相，不重合。

以上四种重合闸方式可以通过控制字整定，当同时投入多种方式时，默认采用停用重合闸方式。220kV线路较多采用单相重合闸方式，当重合闸方式整定错误时，就容易导致重合闸不动作或者误动作。

另外，仍有多项设定可能导致重合闸不动作的情况发生，如投入停用重合闸软压板/硬压板，投入"三相跳闸方式""××段保护闭重"等控制字。当发生重合闸不动作时，检查相关闭锁重合闸无开入，应检查此类影响重合闸的控制字，确保其无误。

九、其他装置定值设置错误

定值设置错误类型非常广泛，对于不同的保护类型均有可能存在该缺陷。

最常见的定值设置错误为保护动作值和时间整定错误，这将直接造成保护配合不当，导致拒动、误动情况的发生。最常见的故障现象为保护的非配合性动作，如一段未动而二段动作或者一段后动而二段先动等，通过异常故障现象可以定位到定值设置错误的具体发生位置。

对于定值类问题，在排除硬压板和软压板缺陷干扰后，一般需要通过定值校对来排除，工作量相对较大。但定值缺陷一般不会同时存在于双重化配置的两台装置中，通过不同装置间的保护行为比对，也可大致了解定值问题所在。

第五节　智能变电站相关缺陷

一、虚端子未拉或者拉错

虚端子是描述智能电子设备（intelligent electronic device，IED）的 GOOSE、SV 输入/输出信号连接点的总称，用以标识过程层、间隔层及其之间联系的二次回路信号，等同于传统变电站的屏端子。因此，虚端子上的错误在一定程度上可以等同于常规变电站交流和直流回路上的错误。

当出现该类情况时，检查措施可类比常规变电站的相关回路缺陷，当故障无法定位到实际回路上时，考虑是否为变电站配置描述文件（substation configuration description，SCD）内部虚端子问题，一方面可以通过各个厂家的 SCD 比对软件和工具进行 SCD 的完整性校验，另一方面也可以通过装置的采样和开入开出传动进行各回路检查。

二、光纤虚接、断链、光口配置错误

光纤是不同智能装置间信息传递的通路，当光纤虚接或者断链后，对应相关内容将会失去发送和接收路径，装置报 GOOSE 和 SV 断链。

对于对应不同装置和不同功能的控制块，需要相应配置发送和接收光口，当光口配置错误时，会产生各种各样的问题。

一方面，报文的发送涉及地址、APPID 等各项内容的严格对应；另一方面，部分光口区分 GOOSE 和 SV 报文，仅支持发送其中一类，错误配置可能导致发送错误，产生相关 GOOSE 或者 SV 报警。

此类缺陷会在装置上有明确报警，且通过观察后台链路图也可以了解缺陷位置。

三、SV 接收软压板相关

对于存在和电流的保护（母线保护和变压器保护），智能变电站相关装

置中有控制其交流量接收与否的软压板。当退出某一间隔或某一侧的 SV 接收软压板时，对应间隔合并单元的模拟量及其状态都不参与保护计算逻辑，保护按无此支路处理。

对于母线保护，若某间隔 SV 接收压板退出，差动保护不计算该侧；对于变压器保护，若某侧 SV 接收压板退出，则该侧后备保护退出，差动保护不计算该侧；对于电压 SV 接收压板，退出后，按对应电压异常处理，开放复压闭锁功能。

当保护正常运行，SV 软压板退出时，最大的问题在于会出现支路差流。按照负荷电流的大小可能会报支路 TA 断线告警或者闭锁，造成差动保护闭锁，影响故障后的差动动作。对于电压接收软压板退出，可能导致保护复压闭锁失效而造成保护误动。

对于该类缺陷，需要观察正常情况下的差流大小，也要关注各间隔或各侧电流值，由于退出 SV 接收压板后其计算值为 0，从录波中能明显看到该间隔无电流，从而进行此判断。

四、GOOSE 出口软压板相关

GOOSE 软压板是装置联系外部接线的桥梁和纽带，关系到保护的功能和动作出口能否正常发挥作用。常见的软压板包括 GOOSE 跳闸、GOOSE 启失灵、GOOSE 重合闸等，通过投退相应的软压板实现相应回路的隔离。

若相关的出口软压板在运行中误退出，会导致相关报文无法出口，造成保护拒动。若确认动作出口，通过比对不同装置间的跳闸灯和开入信号，可以相应对应到报文的传输路径和中断位置，从而确认缺陷装置。

五、检修压板误投入

智能变电站的检修压板属于硬压板，继电保护、合并单元及智能终端均设有一块检修硬压板。检修压板投入时，相应装置发出的 SV、GOOSE 报文均会带有检修品质标识。也就是说，当装置的检修硬压板投入时，该装置发送的 SV、GOOSE 报文中，检修状态位 test＝1，表示该装置处于检修状态。

接收方接收到上述报文后，与自身的检修状态位进行比较（"异或"逻辑），来决定是否可以实现互操作：

（1）若发送、接收装置检修状态一致，则对此报文做有效处理；

（2）若发送、接收装置检修状态不一致，接收方视该报文无效，不参与逻辑运算。

当装置运行，检修压板误投入时，会根据误投入装置的不同造成不同后果：若合并单元与保护装置检修状态不一致，将导致接收的相关 SV 报文无效，造成保护功能闭锁，引起故障时相关保护拒动；当保护装置与智能终端检修状态不一致时，一方面将导致隔离开关位置、断路器位置、闭锁重合闸等信号传递无效，另一方面也将导致保护跳闸命令接收无效而致使保护拒动。

对于此类缺陷，可通过装置面板的检修状态灯和装置上的检修不一致告警来发现。

第四章
典型案例分析

第一节　线路故障案例分析

案例 1：线路出口处 A 相永久性接地故障

（一）事故前运行状态

仿真系统事故前运行状态如图 4-1 所示。乐新变电站 220kV 双母运行，镇新 2305 线、1 号主变压器、1 号电源运行在 I 母上，镇乐 2306 线、2 号主变压器、2 号电源运行在 II 母上，220kV 母联断路器运行；110kV 单母分段运行，1 号主变压器 110kV 断路器运行在 I 母，2 号主变压器 110kV 断路器运行在 II 母，110kV 分段断路器运行；35kV 单母分段运行，1 号主变压器 35kV 断路器运行在 I 母，2 号主变压器 35kV 断路器运行在 II 母，35kV 分段断路器运行；1 号主变压器 220kV 及 110kV 中性点接地运行，2 号主变压器中性点不接地运行。

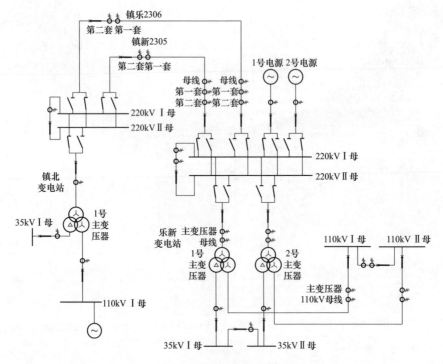

图 4-1　仿真系统事故前运行状态

镇北变电站 220kV 双母运行，镇新 2305 线、1 号主变压器运行在 I 母上，镇乐 2306 线运行在 II 母，220kV 母联断路器运行；110kV 母线接有一个小电源；1 号主变压器 220kV 及 110kV 中性点接地运行。

本系统除 220kV 线路保护为双重化配置外，其余保护均单套配置。110、35kV 母线未配置母线保护。

（二）事故后运行状态

仿真系统事故后运行状态如图 4-2 所示。

断路器变位情况：镇北变电站 220kV 母联断路器，1 号主变压器 220kV 侧断路器分位；乐新变电站镇新 2305 线断路器分位。

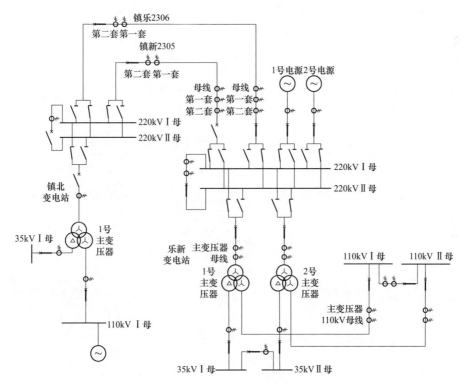

图 4-2　仿真系统事故后运行状态

（三）事故信息采集

1. 故障发生时刻

2022-08-15　15：38：45.564。

2. 保护动作时序整理

该案例保护动作时序经整理后如表 4-1 所示。

表 4-1 保护及断路器动作时序

时刻 (ms)	变电站	保护装置	事件	跳/合闸对象
2	—	—	保护启动	—
20	镇北变电站	镇新 2305 线第一套、第二套保护	接地距离保护Ⅰ段动作；测距：0km；相别：A 相；故障电流：11.13A	镇新 2305 线镇北侧 A 相断路器
30	乐新变电站	镇乐 2306 线第二套保护	接地距离保护Ⅰ段动作；测距：30.4km；相别：A 相；故障电流：5.28A	镇乐 2306 线乐新侧 A 相断路器
179	镇北变电站	镇新 2305 线第一套、第二套保护	单相跳闸失败，三相跳闸，闭锁重合闸	镇新 2305 线镇北侧 A 相断路器
221	镇北变电站	220kV 母线保护	失灵保护 1 时限动作，跳母联断路器	镇北变电站 220kV 母联断路器
421	镇北变电站	220kV 母线保护	失灵保护 2 时限动作，跳Ⅰ母	镇北变电站镇新 2305 线三相断路器；镇北变电站 1 号主变压器 220kV 三相断路器
1090	乐新变电站	镇乐 2306 线第一套、第二套保护	重合闸动作	乐新变电站镇乐 2306 线 A 相断路器
1302	乐新变电站	镇新 2305 线第一套、第二套保护	接地距离保护Ⅱ段动作；测距：30.88km；相别：A 相；故障电流：9.31A	镇新 2305 线乐新侧 A 相断路器
2355	乐新变电站	镇新 2305 线第一套、第二套保护	重合闸动作	镇新 2305 线乐新侧 A 相断路器
2438	乐新变电站	镇新 2305 线第一套、第二套保护	距离后加速动作；零序后加速动作；跳三相，闭锁重合闸	镇新 2305 线乐新侧三相断路器

（四）故障分析

收集现场保护动作、故障录波信息，根据时序整理结果，可以进一步分析故障类型、各保护动作逻辑与一、二次缺陷。首先，根据图 4-3 可知，当故障发生时，镇北变电站 220kV 母线 A 相电压出现电压跌落。根据图

4-4 系统中 A 相产生了较大的故障电流。上述信息符合 A 相接地故障特征量，因此初步判断系统中发生了 A 相接地故障。

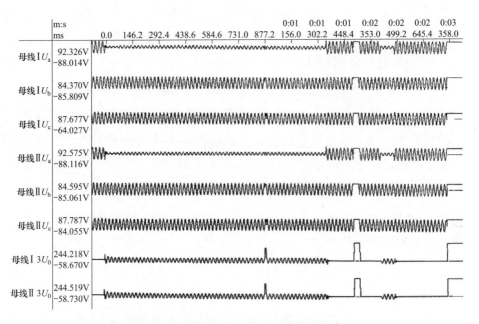

图 4-3　镇北变电站 220kV 母线电压录波

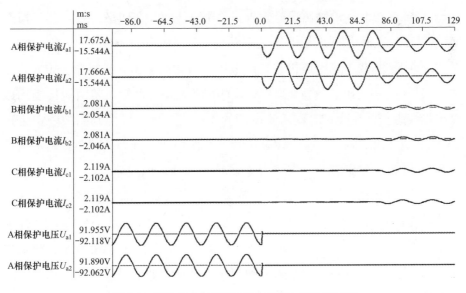

图 4-4　镇北变电站镇新 2305 线路电压电流录波

　　接下来在对应保护装置上收集动作报告并梳理动作时序对故障进行定位。根据整理的保护动作时序分析，故障发生后 20ms 左右，镇新 2305 线镇北变电站侧第一套、第二套线路保护接地距离Ⅰ段动作，测距 0km。同时，镇乐 2306 线乐新变电站侧第二套线路保护接地距离Ⅰ段动作，测距 30.4km。根据整定细则可以得知，接地距离Ⅰ段的保护范围为线路全长的 80%～85%。由此分析，镇北变电站镇新 2305 线保护的测距为镇新 2305 线的出口处，符合距离Ⅰ段的保护范围；而乐新变电站镇乐 2306 线保护的测距超过了定值单上全长的 80%，不符合距离Ⅰ段的保护范围，因此判断乐新变电站镇乐 2306 线第二套保护存在缺陷而误动作。通过检查保护定值发现，该套保护定值中的 K 值由 0.5 误整定为 2.0，进而依据测量阻抗的公式 $Z_m = U_m / [(1+K) \times I_m]$，$K$ 值增大会使保护计算的测量阻抗减小，使阻抗更容易进入到接地距离Ⅰ段的阻抗圆中，因此乐新变电站镇乐 2306 线第二套保护接地距离Ⅰ段误动作，跳开镇乐 2306 线乐新变电站侧 A 相断路器。

　　确定了乐新变电站镇乐 2306 线第二套保护接地距离Ⅰ段为误动作，进而按照镇北变电站镇新 2305 线两套保护正确动作的思路往下分析。若假设镇新 2305 线镇北变电站出口处发生 A 相接地故障，根据图 4-3 可知，镇北变电站 220kV 母线的 A 相电压几乎跌落为 0，而由图 4-5 可知，乐新变电站 220kV 母线的 A 相电压仍有残余电压，由此佐证了一次故障更靠近镇北侧。根据图 4-6，比较镇新 2305 线两侧电流的流向可知，若两侧母线均以流出母线为正，在同一时刻两侧电流的方向为同向，因此判断故障点为镇新 2305 线区内故障。综合上述电压特征、保护动作行为及测距，确定为镇新 2305 线镇北侧出口处发生 A 相金属性永久性接地故障。

　　在确定故障类型和一次故障位置之后，还需要判断在故障发生时各保护的动作行为是否正确。因故障点发生在镇新 2305 线区内，纵联差动保护在第一时间应动作。而保护动作行为中没有差动保护的动作报文，怀疑存在二次缺陷。核查镇新 2305 线两侧的保护异常告警信息后发现，两侧第一套保护报"纵联压板投退不一致"，两侧第二套保护报"通道异常"。依据告警信息进一步检查定值发现，镇北侧第一套保护差动软压板退出，乐新侧第二套保护通道识别码整定错误。由上述两个缺陷导致故障发生时，镇新 2305 线两套差动保护拒动。

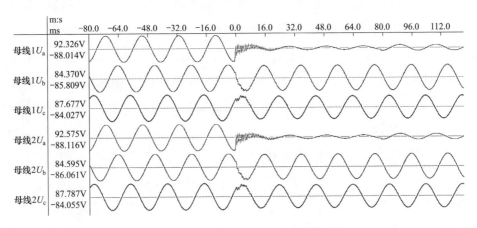

图 4-5　乐新变电站 220kV 母线电压录波

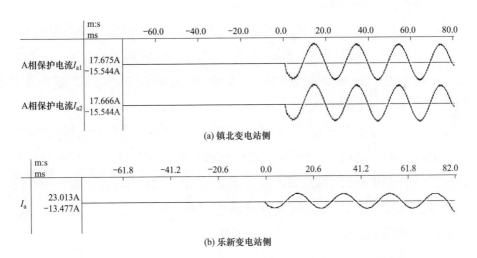

图 4-6　镇新 2305 线两侧电流录波

因镇新 2305 线镇北变电站侧接地距离保护 I 段动作，同时保护动作报文中有"跳闸失败，断路器永跳"，而故障后镇新 2305 线镇北变电站侧断路器仍处于合位，怀疑存在缺陷导致该断路器未正确跳开。核查保护出口软压板、智能终端出口硬压板、控制电源空气断路器、机构本体后发现，该断路器机构因存在"断路器本体压力低闭锁跳合闸"缺陷而拒动。

由于镇新 2305 线镇北侧断路器拒动，在保护动作后仍能感受到故障电流，故 220ms 左右，镇北变电站 220kV 母线保护失灵保护 1 时限正确动作，跳开 220kV 母联断路器。420ms 左右，镇北变电站 220kV 母线保护失灵保护 2 时限正确动作，跳 I 母并远跳镇新 2305 线对侧断路器。1 号主变压器 220kV 侧三相断路器跳开，镇新 2305 线镇北侧三相断路器因机构原因仍未跳开，镇新 2305 线乐新侧三相断路器因纵联差动保护退出，远跳通道未开放而拒动。

因故障发生时，镇乐 2306 线乐新侧第二套保护动作单跳 A 相断路器，第一套保护不对应启动重合闸，第二套保护动作启动重合闸，因此故障发生后 1090ms 左右，镇乐 2306 线乐新侧第一套、第二套保护重合闸动作，合上 A 相断路器。此时因镇北变电站 220kV 母联断路器分位，故障点隔离，乐新侧不会有故障电流流过，因此后加速未动作。

由于镇新 2305 线乐新侧三相断路器仍处于合位，镇新 2305 线乐新侧仍能感受到故障电流，故 1300ms 左右，镇新 2305 线第一套、第二套保护接地距离 II 段正确动作，判断故障为 A 相，故障测距 30.88km，跳开镇新 2305 线乐新侧 A 相断路器。

因 1300ms 左右，镇新 2305 线第一套、第二套保护接地距离 II 段正确动作单跳 A 相断路器，2350ms 左右两套保护重合闸动作，合上 A 相断路器。因一次故障为永久性故障，故镇新 2305 线在 2430ms 左右第一套、第二套保护后加速动作，跳开三相断路器，故障隔离。

（五）故障总结

1. 一次故障点

0ms 时，镇新 2305 线镇北侧出口处发生 A 相金属性永久性接地故障。

2. 一次缺陷

镇新 2305 线镇北侧断路器因"断路器本体压力低闭锁跳合闸回路"三相拒动。

3. 二次缺陷

（1）镇新 2305 镇北侧 A 套差动软压板退出；

（2）镇新 2305 乐新侧 B 套通道识别码误整定；

（3）镇乐 2306 乐新侧 B 套 K 值误整定。

4. 知识点

（1）线路保护距离 I 段保护范围为线路全长的 $80\%\sim85\%$；

（2）线路保护定值中，零序电流补偿系数（K 值）会影响接地距离保护的测量阻抗，进而影响保护范围；

（3）失灵保护动作时会远跳线路对侧断路器，以隔离对侧电源；

（4）失灵保护动作远跳通过差动保护的光纤通道实现；

（5）单相接地故障的波形特征为故障相电压降低，故障相电流增大，同时系统中产生零序电压和零序电流。

案例 2：线路 B 相永久性接地故障且断路器击穿

（一）事故前运行状态

仿真系统事故前运行状态如图 4-7 所示。乐新变电站 220kV 双母运行，镇新 2305 线、1 号主变压器、1 号电源运行在 I 母上，镇乐 2306 线、2 号主变压器、2 号电源运行在 II 母上，220kV 母联断路器运行；110kV 单母分段运行，1 号主变压器 110kV 断路器运行在 I 母，2 号主变压器 110kV 断路器运行在 II 母，110kV 分段断路器运行；35kV 单母分段运行，1 号主变压器 35kV 断路器运行在 I 母，2 号主变压器 35kV 断路器运行在 II 母，35kV 分段断路器运行；1 号主变压器 220kV 及 110kV 中性点接地运行，2 号主变压器中性点不接地运行。

镇北变电站 220kV 双母运行，镇新 2305 线、1 号主变压器运行在 I 母上，镇乐 2306 线运行在 II 母上，220kV 母联断路器运行；110kV 母线接有一小电源；1 号主变压器 220kV 及 110kV 中性点接地运行。

本系统除 220kV 线路保护为双重化配置外，其余保护均单套配置。110、35kV 母线未配置母线保护。

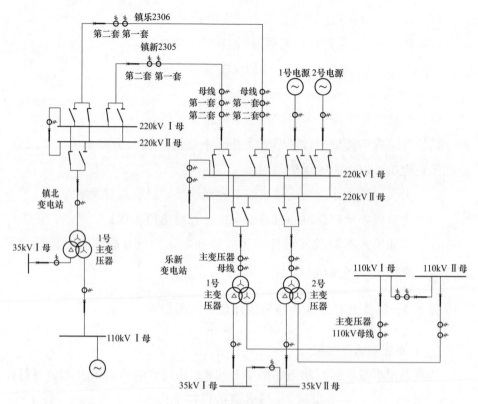

图 4-7　仿真系统事故前运行状态

（二）事故后运行状态

仿真系统事故后运行状态如图 4-8 所示。

断路器变位情况：镇北变电站镇新 2305 断路器分位；乐新变电站镇新 2305 断路器分位、1 号电源断路器分位、1 号主变压器 220kV 断路器分位、220kV 母联断路器分位。

（三）事故信息采集

1. 故障发生时刻

2022-08-23　13：07：29.665。

2. 保护动作时序整理

该案例保护动作时序经整理后如表 4-2 所示。

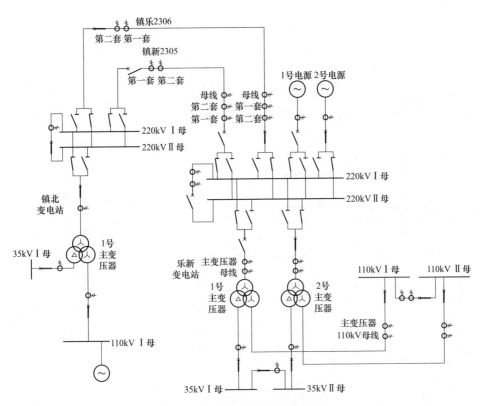

图 4-8 仿真系统事故后运行状态

表 4-2 保护及断路器动作时序

时刻 (ms)	变电站	保护装置	事件	跳/合闸对象
0	—	—	保护启动	—
15	乐新变电站	镇新 2305 线第一套、第二套保护装置	纵联差动保护动作； 差动电流：9.372A； 相别：B 相	镇新 2305 线乐新变电站侧 B 相断路器
20	镇北变电站	镇新 2305 线第一套、第二套保护装置	纵联差动保护动作； 差动电流：6.048A； 相别：B 相	镇新 2305 线镇北变电站侧 B 相断路器
1062	乐新变电站	镇新 2305 线第一套、第二套保护装置	重合闸动作	镇新 2305 线乐新变电站侧 B 相断路器
1064	镇北变电站	镇新 2305 线第一套、第二套保护装置	重合闸动作	镇新 2305 线镇北变电站侧 B 相断路器
1124	乐新变电站	镇新 2305 线第一套、第二套保护装置	差动保护动作 距离加速动作 零序加速动作	镇新 2305 线乐新变电站侧三相断路器

续表

时刻 （ms）	变电站	保护装置	事件	跳/合闸对象
1180	乐新变电站	220kV 母线保护	支路跟跳	镇新 2305 线乐新变电站侧三相断路器
1280	乐新变电站	220kV 母线保护	失灵跳母联断路器	乐新变电站 220kV 母联断路器
1433	乐新变电站	220kV 母线保护	失灵跳Ⅰ母	乐新变电站镇新 2305 断路器、乐新变电站 1 号电源断路器、乐新变电站 1 号主变压器 220kV 断路器

（四）故障分析

收集现场保护动作、故障录波信息，根据时序整理结果，可以进一步分析故障类型、各保护动作逻辑与一、二次缺陷。

根据图 4-9 可知，故障发生时，乐新变电站 220kV 母线 B 相电压降低。根据图 4-10 可知，系统中 B 相电流增大。上述信息符合 B 相接地故障特征量，因此初步判断系统中发生了 B 相接地故障。

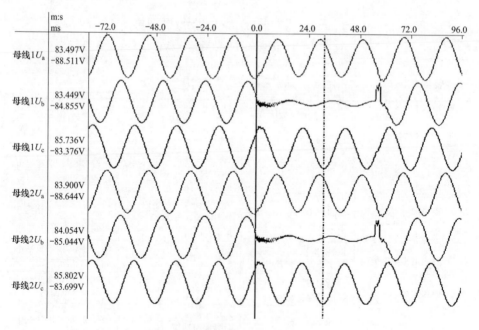

图 4-9　乐新变电站母线电压录波

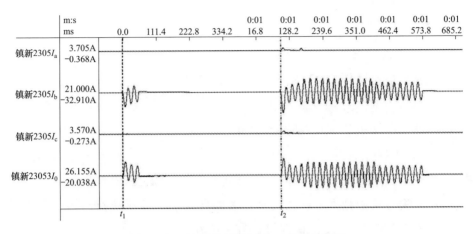

图 4-10　乐新变电站镇新 2305 线电流录波

在对应保护装置上收集动作报告并梳理动作时序对故障进行精确定位。根据整理的保护动作时序分析，故障发生后，镇新 2305 线路保护差动动作，1s 左右重合闸动作，重合成功后加速动作三相跳闸。因镇新 2305 两侧四套保护的动作行为一致，由保护动作报文可知，在镇新 2305 区内发生 B 相永久性接地故障。若为单纯的线路区内永久性接地故障，两侧断路器跳开后故障应当被隔离了。然而线路保护动作结束后，乐新变电站母线失灵保护动作，选择故障母线后跳开正母上支路。因失灵保护动作，考虑存在镇新 2305 乐新变电站侧断路器击穿或拒动的情况。由图 4-10 可知，镇新 2305 线乐新变电站侧 B 相电流在断路器后加速三相跳开后仍存在，因此满足了失灵保护的动作条件导致失灵保护动作。根据断路器机械指示、监控系统及故障录波中镇新 2305 断路器变位如图 4-11 所示，失灵保护动作时，断路器分位，不应有故障电流，判断断路器一次部分存在故障。

至此保护动作结束，故障点被隔离。

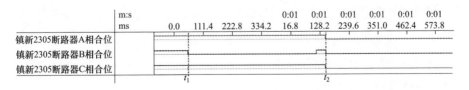

图 4-11　故障录波中镇新 2305 断路器变位

（五）故障总结

1. 一次故障点

乐新变电站镇新 2305 线 B 相发生永久性接地故障。

2. 一次缺陷

乐新变电站镇新 2305 断路器 B 相被击穿。

3. 知识点

（1）中性点接地系统单相接地故障特征：故障相电压降低、电流增大；

（2）失灵保护判据及动作过程：线路保护启失灵＋线路有流，动作后 1 时限跳母联断路器，2 时限跳复压开放所在母线；

（3）母线保护远跳功能：母线保护动作跳开其上支路时，发远跳命令跳开对侧线路。

案例 3：2306 线 B 相接地——镇北 2305 第一组 TA 的 BC 接反

（一）事故前运行状态

仿真系统事故前运行状态如图 4-12 所示。乐新变电站 220kV 双母运行，镇新 2305 线、1 号主变压器、1 号电源运行在Ⅰ母上，镇乐 2306 线、2 号主变压器、2 号电源运行在Ⅱ母上，220kV 母联断路器运行；110kV 单母分段运行，1 号主变压器 110kV 断路器运行在Ⅰ母，2 号主变压器 110kV 断路器运行在Ⅱ母，110kV 分段断路器运行；35kV 单母分段运行，1 号主变压器 35kV 断路器运行在Ⅰ母，2 号主变压器 35kV 断路器运行在Ⅱ母，35kV 分段断路器运行；1 号主变压器 220kV 及 110kV 中性点接地运行，2 号主变压器中性点不接地运行。

镇北变电站 220kV 双母运行，镇新 2305 线、1 号主变压器运行在Ⅰ母上，镇乐 2306 线运行在Ⅱ母，220kV 母联断路器运行；110kV 母线接有一小电源；1 号主变压器 220kV 及 110kV 中性点接地运行。

本系统除 220kV 线路保护为双重化配置外，其余保护均单套配置。110、35kV 母线未配置母线保护。

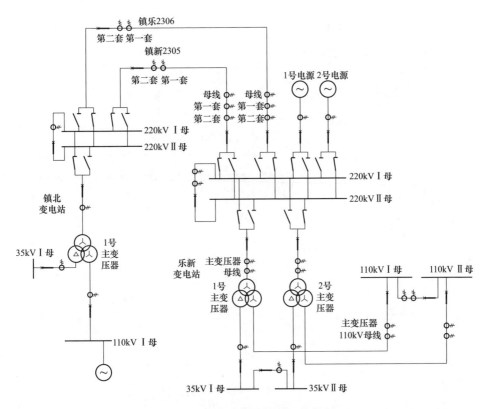

图 4-12　仿真系统事故前运行状态

（二）事故后运行状态

仿真系统事故后运行状态如图 4-13 所示。

断路器变位情况：镇新 2305 线两侧断路器分位；镇乐 2306 线两侧断路器分位；镇北变电站主变压器 220kV 断路器分位、镇北变电站 220kV 母联断路器分位。

（三）事故信息采集

1. 故障发生时刻

2022-08-19　14：19：51.744。

2. 保护动作时序整理

该案例保护动作时序经整理后如表 4-3 所示。

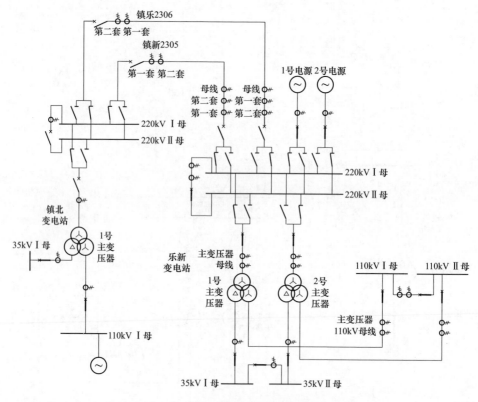

图 4-13　仿真系统事故后运行状态

表 4-3 　　　　　　　　　　　　保护及断路器动作时序

时刻 (ms)	变电站	保护装置	事件	跳/合闸对象
0	—	—	保护启动	—
7	镇北变电站	220kV 母线保护	差动跳Ⅰ母，差动跳母 联断路器； 差流：6.17A； 相别：C 相	镇新 2305 镇北变电站侧三相断路器、镇北变电站220kV 母联断路器、镇北变电站主变压器 220kV 断路器
10	乐新变电站	镇新 2305 线第一套保护装置	纵联差动保护动作，跳A、B、C 相，三相跳闸闭锁重合闸； 差流：4.938A； 相别：B、C 相	镇新 2305 线乐新变电站侧三相断路器

时刻 （ms）	变电站	保护装置	事件	跳/合闸对象
10	镇北变电站	镇新 2305 线第一套保护装置	纵联差动保护动作，跳A、B、C相，三相跳闸闭锁重合闸； 差流：4.875A； 相别：B、C相	镇新 2305 线镇北变电站侧三相断路器
14	乐新变电站	镇乐 2306 线第一套、第二套保护装置	纵联差动保护动作； 差流：16.23A； 测距：30km； 相别：B相	镇乐 2306 线乐新变电站侧B相断路器
15	镇北变电站	镇乐 2306 线第一套、第二套保护装置	纵联差动保护动作； 差流：16.23A； 测距：0.4km； 相别：B相	镇乐 2306 线镇北变电站侧B相断路器
30	乐新变电站	镇新 2305 线第一套、第二套保护装置	远跳动作； 测距：30km	镇新 2305 线乐新变电站侧三相断路器
1065	乐新变电站	镇乐 2306 线第一套、第二套保护装置	重合闸动作	镇乐 2306 线乐新变电站侧B相断路器
1124	乐新变电站	镇乐 2306 线第一套、第二套保护装置	纵联差动保护动作； 相别：A、B、C相	镇乐 2306 线乐新变电站侧三相断路器
1140	乐新变电站	镇乐 2306 线第一套、第二套保护装置	距离加速动作	—
1180	乐新变电站	镇乐 2306 线第一套、第二套保护装置	零序加速动作	—

（四）故障分析

收集现场保护动作、故障录波信息，根据时序整理结果，可以进一步分析故障类型、各保护动作逻辑与一、二次缺陷。

如图 4-14～图 4-17 所示，根据 220kV 母线电压、镇北变电站 220kV 支路电流、主变压器 220kV 电流及乐新变电站支路电流录波信息可知，故障发生后，除镇新 2305 线镇北变电站侧 C 相有故障电流，其余支路故障电流均在 B 相，同时系统 B 相电压降低，怀疑系统发生 B 相单相接地故障，镇新 2305 线镇北变电站侧 C 相异常。

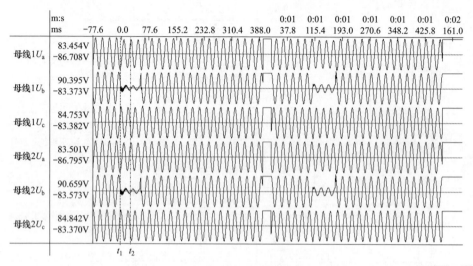

(a) 乐新变电站220kV母线电压

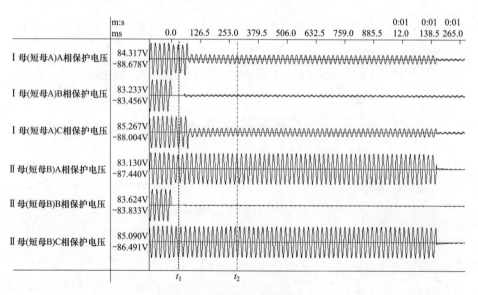

(b) 镇北变电站220kV母线电压

图 4-14　220kV 母线电压录波

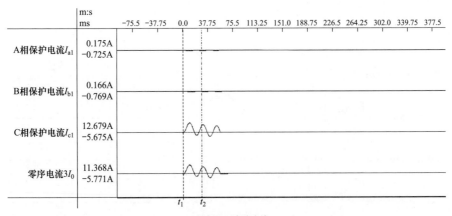

(a) 镇新2305支路电流

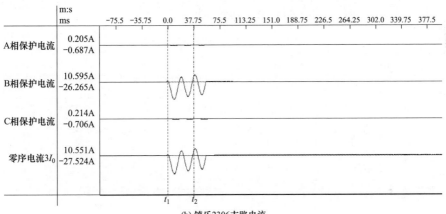

(b) 镇乐2306支路电流

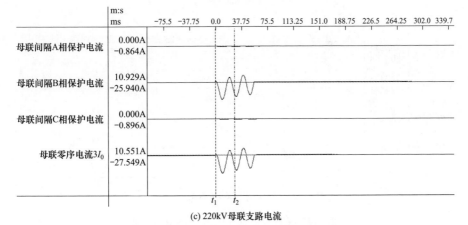

(c) 220kV母联支路电流

图 4-15 镇北变电站 220kV 支路电流录波

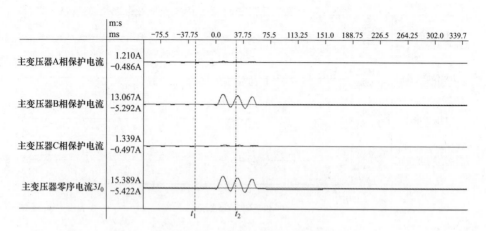

图 4-16　主变压器 220kV 电流录波

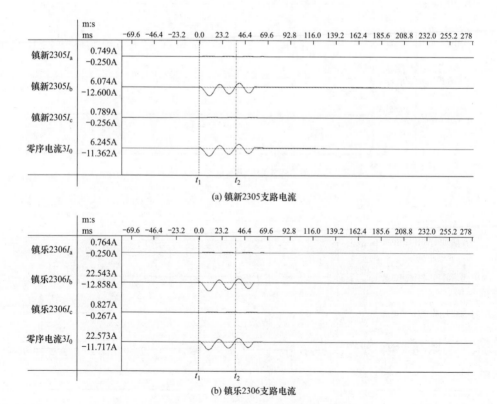

(a) 镇新2305支路电流

(b) 镇乐2306支路电流

图 4-17　乐新变电站 220kV 支路电流录波

系统镇新 2305 线镇北变电站侧第一组 TA 用于第一套保护装置，第二组 TA 用于第二套保护装置及母线差动保护。在对应保护装置上收集动作报告并梳理动作时序对故障进行精确定位。根据整理的保护动作时序分析，由于镇北变电站 220kV 正母支路上除镇新 2305 故障电流位于 C 相，其余支路故障电流位于 B 相，正母差动正确动作，同时远跳镇新 2305 线乐新变电站侧断路器。镇新 2305 线两侧第一组 TA 镇北变电站侧 C 相有故障电流、乐新变电站侧 B 相有故障电流，第一套保护差动正确动作。由于镇新 2305 线镇北变电站侧第二套保护装置及母线差动保护共用第一组 TA，怀疑第一组 TA 存在异常。经检查，发现镇新 2305 线镇北变电站侧第二组 TA 的 B、C 相接反，导致镇新 2305 线第一套保护装置和镇北变电站 220kV 母线保护误动。

镇乐 2306 线两侧共四套保护装置均显示纵联差动动作，选出故障相 B 相，确定故障为镇乐 2306 线区内发生 B 相永久性金属接地故障。

至此保护动作结束，故障被隔离。

（五）故障总结

1. 一次故障点

0ms 时，镇乐 2306 线区内发生 B 相永久性金属接地故障。

2. 二次缺陷

镇新 2305 线镇北变电站侧第二组 TA 的 B、C 相接反。

3. 知识点

（1）电流互感器二次线圈的配置情况；

（2）中性点接地系统单相接地故障的基本特征：故障相电流增大、电压降低，非故障相无明显变化；

（3）母线保护远跳对侧线路。

案例 4：2306 乐新变电站第一套、第二套线路保护 TA 中间死区 B、C 相间故障

（一）事故前运行状态

仿真系统事故前运行状态如图 4-18 所示。乐新变电站 220kV 双母运

行，镇新 2305 线、1 号主变压器、1 号电源运行在 Ⅰ 母上，镇乐 2306 线、2 号主变压器、2 号电源运行在 Ⅱ 母上，220kV 母联断路器运行；110kV 单母分段运行，1 号主变压器 110kV 断路器运行在 Ⅰ 母，2 号主变压器 110kV 断路器运行在 Ⅱ 母，110kV 分段断路器运行；35kV 单母分段运行，1 号主变压器 35kV 断路器运行在 Ⅰ 母，2 号主变压器 35kV 断路器运行在 Ⅱ 母，35kV 分段断路器运行；1 号主变压器 220kV 及 110kV 中性点接地运行，2 号主变压器中性点不接地运行。

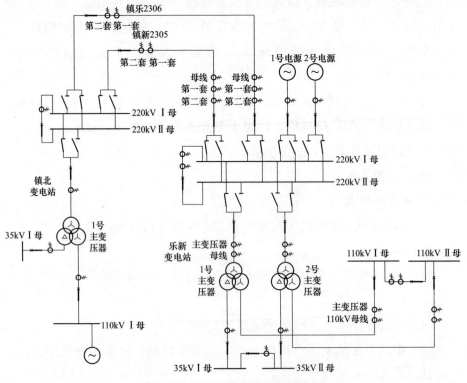

图 4-18　仿真系统事故前运行状态

镇北变电站 220kV 双母运行，镇新 2305 线、1 号主变压器运行在 Ⅰ 母上，镇乐 2306 线运行在 Ⅱ 母，220kV 母联断路器运行；110kV 母线接有一小电源；1 号主变压器 220kV 及 110kV 中性点接地运行。

本系统除 220kV 线路保护为双重化配置外，其余保护均单套配置。110、35kV 母线未配置母线保护。

（二）事故后运行状态

仿真系统事故后运行状态如图 4-19 所示。

断路器变位情况：镇北变电站镇乐 2306 线断路器分位，乐新变电站镇乐 2306 线断路器分位。

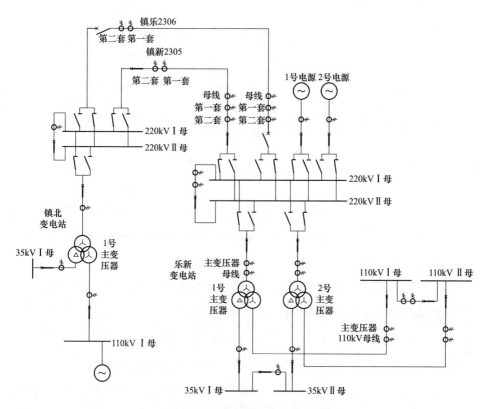

图 4-19　仿真系统事故后运行状态

（三）事故信息采集

1. 故障发生时刻

2022-08-16　10：54：18.582。

2. 保护动作时序整理

该案例保护动作时序经整理后如表 4-4 所示。

表 4-4 保护及断路器动作时序

时刻(ms)	变电站	保护装置	事件	跳/合闸对象
0	—	—	保护启动	—
8	乐新变电站	镇乐 2306 线第二套保护	工频变化量阻抗动作	镇乐 2306 线乐新侧三相断路器
20	乐新变电站	镇乐 2306 线第二套保护	相间距离保护Ⅰ段动作；测距：0km；相别：B、C 相；故障电流：9.89A	镇乐 2306 线乐新侧三相断路器
1304	镇北变电站	镇乐 2306 线第一套保护	相间距离保护Ⅱ段动作；测距：30.532km；相别：B、C 相；故障电流：11.103A	镇乐 2306 线镇北侧三相断路器
2074	乐新变电站	镇乐 2306 线第二套保护	重合闸动作	镇乐 2306 线乐新侧三相断路器
2139	乐新变电站	镇乐 2306 线第二套保护	距离加速动作	镇乐 2306 线乐新侧三相断路器

（四）故障分析

收集现场保护动作、故障录波信息，根据时序整理结果，可以进一步分析故障类型、各保护动作逻辑与一、二次缺陷。

根据镇北变电站镇乐 2306 线电压电流录波信息，如图 4-20 所示，可对故障类型进行判断。当故障发生时，镇北变电站镇乐 2306 线 B、C 相电压降低，两相电压大小方向相同，幅值为正常 A 相的一半，相位与 A 相电压相反，此外 B、C 相产生了较大的故障电流，两者大小相同、方向相反，系统无零序分量，因此初步判断系统中发生了 B、C 相间故障。

接下来在对应保护装置上收集动作报告并梳理动作时序对故障进行定位。根据整理的保护动作时序分析，故障发生后，镇乐 2306 线乐新侧第二套保护工频变化量阻抗、相间距离Ⅰ段动作，镇乐 2306 线乐新变电站侧断路器三相跳闸。因故障发生时动作的保护均为速动保护，保护范围均小于线路范围，因此判断为线路区内发生故障。若为镇乐 2306 区内故障，镇乐 2306 两侧差动保护应动作，但镇乐 2306 线镇北侧并无保护动作报文，因此判断镇北变电站镇乐 2306 线第二套保护存在缺陷而拒动。通过检查镇北变电站镇乐 2306 线第二套保护屏柜，发现镇乐 2306 线镇北侧第二套保护误投了检修压板，导致差动保护闭锁，无法跳开线路两侧断路器。

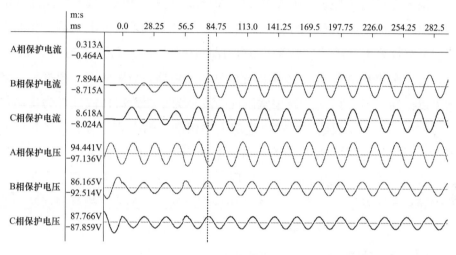

图 4-20　镇乐 2306 线路电压电流录波

按照保护动作时序，1304ms 左右，镇乐 2306 线镇北侧第一套保护相间距离Ⅱ段动作，故障测距 30.532km，跳开镇乐 2306 线镇北侧断路器。由于距离Ⅱ段的保护范围为线路全长和下级线路的一部分，结合测距结果，可见故障发生在镇乐 2306 线区内且靠近乐新变电站一侧。又因为 220kV 线路保护均采用双套配置，乐新侧线路保护只有第二套动作，第一套不动作，可初步判断故障发生在乐新变电站镇乐 2306 线第一套和第二套线路保护 TA 之间。排查 2306 线两侧第一套保护后，未发现有明显缺陷。结合电压电流特征、保护动作行为及测距，确定为镇乐 2306 线乐新变电站侧第一套和第二套线路保护 TA 之间发生 B、C 相间金属性永久性故障。

在确定故障类型和一次故障位置之后，需要判断在故障发生时，各保护的动作行为是否正确。因故障发生在母线保护 TA 和线路保护 TA 之间，母线保护应第一时间动作。而保护动作行为中没有母线差动保护的动作报文，怀疑存在二次缺陷。核查乐新变电站 220kV 母线保护的定值信息后发现，母线差动保护控制字为退出状态。该缺陷导致故障发生时，乐新变电站母线差动保护拒动。

根据保护动作时序，在故障发生 2074ms 左右，镇乐 2306 线乐新变电站侧第二套保护三相重合闸动作，合上镇乐 2306 线乐新变电站侧三相断路器。断路器合上后因存在故障电流，保护距离后加速动作，在 2139ms 左右，再一次跳开镇乐 2306 线乐新变电站侧断路器，故障隔离。根据整定细则可以得知，因 220kV 线路中常出现的故障为单相瞬时性故障，为提高供电可靠性，线路保护重合方式应整定为单相重合闸方式。因此，在相间故障三跳断路器之后不应再重合，怀疑存在误整定的二次缺陷。核查镇乐 2306 线第二套保护的定值信息后发现，重合闸整定方式为三相重合闸。该缺陷导致故障发生时，镇乐 2306 线乐新变电站侧断路器三相跳闸后又一次重合。

（五）故障总结

1. 一次故障点

0ms 时，镇乐 2306 线乐新变电站侧第一套和第二套线路保护 TA 之间发生 B、C 相间金属性永久性故障。

2. 二次缺陷

（1）镇乐 2306 线乐新侧 B 套重合闸方式误整定为三相重合闸；

（2）镇乐 2306 线镇北侧 B 套检修压板误投入；

（3）乐新变电站 220kV 母线差动保护控制字误退出。

3. 知识点

（1）距离 II 段保护范围为线路全长和下级线路的一部分。

（2）单相重合闸方式下若发生故障单相跳闸，则单相重合；若发生故障三相跳闸，则闭锁重合闸。

（3）投检修压板后保护电压电流 SV 采样无效。

（4）相间故障的波形特征：故障相电压等大同向，与非故障相反向，幅值为非故障相电压的一半；故障相电流等大反向。

案例 5：镇北变电站Ⅰ母区内 B 相与镇北变电站镇乐 2306 线区内 A 相发生相间跨线永久性短路故障

（一）事故前运行状态

仿真系统事故前运行状态如图 4-21 所示。乐新变电站 220kV 双母运行，镇新 2305 线、1 号主变压器、1 号电源运行在Ⅰ母上，镇乐 2306 线、2 号主变压器、2 号电源运行在Ⅱ母上，220kV 母联断路器运行；110kV 单母分段运行，1 号主变压器 110kV 断路器运行在Ⅰ母，2 号主变压器 110kV 断路器运行在Ⅱ母，110kV 分段断路器运行；35kV 单母分段运行，1 号主变压器 35kV 断路器运行在Ⅰ母，2 号主变压器 35kV 断路器运行在Ⅱ母，35kV 分段断路器运行；1 号主变压器 220kV 及 110kV 中性点接地运行，2 号主变压器中性点不接地运行。

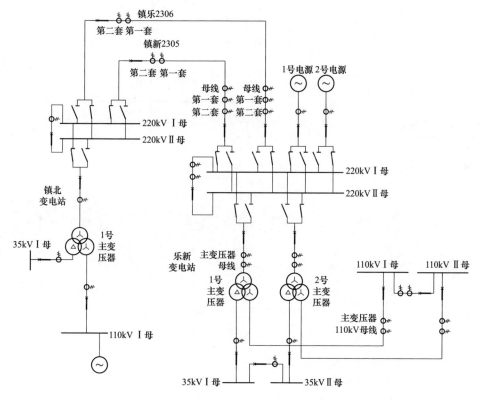

图 4-21　仿真系统事故前运行状态

镇北变电站 220kV 双母运行，镇新 2305 线、1 号主变压器运行在Ⅰ母上，镇乐 2306 线运行在Ⅱ母，220kV 母联断路器运行；110kV 母线接有一小电源；1 号主变压器 220kV 及 110kV 中性点接地运行。

本系统除 220kV 线路保护为双重化配置外，其余保护均单套配置。110、35kV 母线未配置母线保护。

（二）事故后运行状态

仿真系统事故后运行状态如图 4-22 所示。

断路器变位情况：乐新变电站镇乐 2306 线断路器分位；镇北变电站 220kV 母联断路器分位、1 号主变压器 220kV 断路器分位。

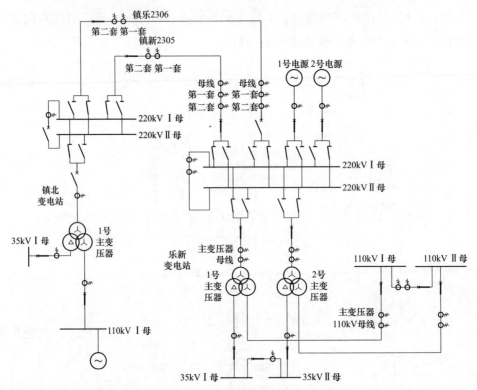

图 4-22　仿真系统事故后运行状态

（三）事故信息采集

1. 故障发生时刻

2022-08-17　15:37:35.659。

2. 保护动作时序整理

该案例保护动作时序经整理后如表 4-5 所示。

表 4-5　　　　　　　　　　　保护及断路器动作时序

时刻 (ms)	变电站	保护装置	事件	跳/合闸对象
0	—	—	保护启动	—
8	镇北变电站	220kV 母线保护	差动保护跳 1 母； 相别：B 相； 最大差电流：11.39A	镇新 2305 线两侧三相断路器； 镇北变电站 220kV 母联断路器； 镇北变电站 1 号主变压器 220kV 断路器
17	乐新变电站	镇乐 2306 线第一套、第二套保护	差动保护动作，三相跳闸出口； 相别：A 相； 差流：10.66A； 测距：30km	镇乐 2306 线乐新侧三相断路器
17	镇北变电站	镇乐 2306 线第一套、第二套保护	差动保护动作，单相跳闸出口； 相别：A 相； 差流：10.66A； 测距：0.17km	镇乐 2306 线镇北侧 A 相断路器
1070	镇北变电站	镇乐 2306 线第一套、第二套保护	重合闸动作	镇乐 2305 线镇北变电站侧 A 相断路器

（四）故障分析

收集现场保护动作、故障录波信息，根据时序整理结果，可以进一步分析故障类型、各保护动作逻辑与一、二次缺陷。

根据镇新 2305 线路及镇乐 2306 线两侧电压电流录波信息，可对故障类型进行判断。如图 4-23 所示，在故障发生时，镇北变电站、乐新变电站 220kV 母线 C 相电压正常，A、B 相电压大小相等（为 C 相的一半）、相位相同（与 C 相相反），系统中无零序电压，判断系统存在 A、B 相间故障。

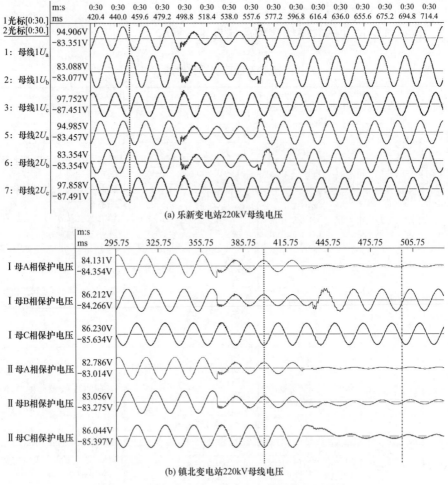

(a) 乐新变电站220kV母线电压

(b) 镇北变电站220kV母线电压

图4-23　乐新变电站、镇北变电站母线电压录波

由图4-24可知，镇新2305线B相及镇乐2306线A相存在较大故障电流，其他相无故障电流，初步判断不是同一条线路的A、B相间故障，应为镇新2305线B相与镇乐2306线A相之间发生跨线短路故障。进一步根据线路乐新侧、镇北侧的电流相位可知，乐新侧镇新2305线B相与镇乐2306线A相相位相差180°，为典型的相间故障电流特征，说明跨线点在两条线路的乐新侧TA靠近线路侧；而镇北侧镇新2305线B相与镇乐2306线A相相位为同相位，不符合相间故障电流特征，说明其中一个跨线点在线路区内，另一个跨线点在线路区外。

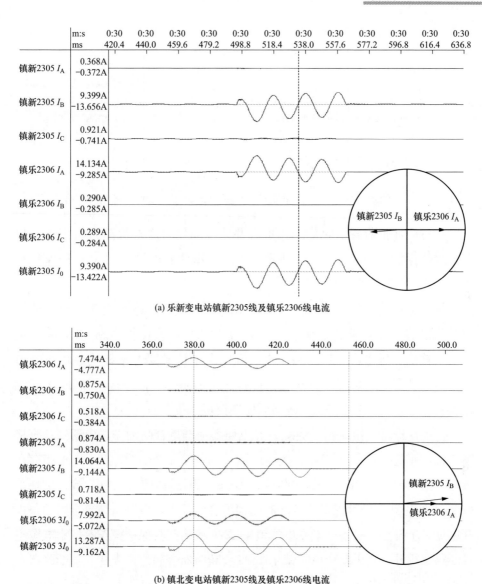

(a) 乐新变电站镇新2305线及镇乐2306线电流

(b) 镇北变电站镇新2305线及镇乐2306线电流

图 4-24　乐新变电站、镇北变电站镇新 2305 线及镇乐 2306 线电流录波

　　分析镇新 2305 线 B 相两侧电流，如图 4-25 所示，镇新 2305 线故障电流方向相反，为穿越性电流特征；分析镇乐 2306 线 A 相两侧电流，如图 4-26 所示，镇乐 2306 线故障电流方向相同，为区内故障电流特征。故确定为镇北变电站 I 母区内 B 相与镇北变电站镇乐 2306 线区内 A 相之间发生相间跨线永久性短路故障。

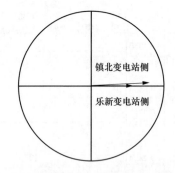

图 4-25　镇新 2305 线两侧 B 相电流　　图 4-26　镇乐 2306 线两侧 B 相电流

　　在对应保护装置上收集动作报告并梳理动作时序对故障进行定位。根据整理的保护动作时序分析，故障发生后，镇北变电站 220kV 母线保护与镇乐 2306 线两侧线路差动保护同时动作。

　　保护动作后，220kV Ⅰ母上除镇新 2305 断路器外均跳开，确定镇新 2305 断路器拒动，检查发现镇北变电站 220kV 母线保护镇新 2305 间隔跳闸出口软压板退出，导致断路器未跳开，由于智能变电站母线远跳命令与出口命令从同一个虚端子开出，因此也未正确将远跳信号传给镇新 2305 线路保护装置，使得镇新 2305 线新乐侧断路器未变位。

　　保护动作时，镇北侧正确跳 A 相断路器随即重合闸动作，乐新侧却直接跳三相，而此时只有 A 相存在故障电流，判断镇乐 2306 线上只有 A 相存在故障，镇乐 2306 线乐新侧保护装置跳 B、C 相断路器应为误跳，检查发现镇乐 2306 线乐新侧两套保护装置均有闭锁重合闸开入，根据闭锁重合闸的条件开展进一步排查，发现乐新变电站镇乐 2306 线第二套保护操作箱控制电源空气断路器跳开，且乐新变电站镇乐 2306 线断路器合后位置未开入，断路器未处于手动合闸后状态，使得两套保护装置有闭锁重合闸开入，导致单相故障发生时保护装置三相跳闸不重，线路保护装置闭锁重合闸开入如图 4-27 所示，图中 HHJ 为合后继电器触点、1JJ 为操作性控制电源监视继电器触点。

　　至此保护动作结束，故障被隔离。根据前述分析确定准确故障点，推断镇北变电站Ⅰ母区内 B 相与镇北变电站镇乐 2306 线区内 A 相之间发生相间跨线永久性短路故障。

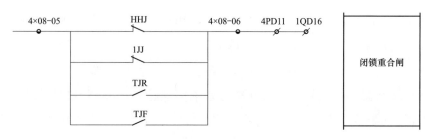

图 4-27　线路保护装置闭锁重合闸开入

（五）故障总结

1. 一次故障点

0ms 时，镇北变电站 I 母区内 B 相与镇北变电站镇乐 2306 线区内 A 相之间发生相间跨线永久性短路故障。

2. 二次缺陷

（1）镇北变电站母线保护镇新 2305 间隔跳闸出口软压板误退出；

（2）乐新变电站镇乐 2306 线断路器未处于手动合闸后位置；

（3）乐新变电站镇乐 2306 线第二套保护操作箱控制电源空气断路器跳开。

3. 知识点

（1）线路保护重合闸闭锁条件：合后位置触点、控制电源监视触点等并联开入；

（2）线路保护动作逻辑：有闭锁重合闸开入时，任何故障均三相跳闸；

（3）线路保护的保护范围由线路两侧 TA 组合形成，母线保护的保护范围由母线上的各支路 TA 组合形成；

（4）智能变电站母线远跳命令与出口命令从同一个虚端子开出；

（5）母线差动保护动作时不启动线路保护失灵。

第二节　主变压器故障案例分析

案例 6：1 号主变压器 220kV 侧出口处发生 A 相金属性永久性接地故障

（一）事故前运行状态

仿真系统事故前运行状态如图 4-28 所示。乐新变电站 220kV 双母运

行，镇新 2305 线、1 号主变压器、1 号电源运行在Ⅰ母上，镇乐 2306 线、2 号主变压器、2 号电源运行在Ⅱ母上，220kV 母联断路器运行；110kV 单母分段运行，1 号主变压器 110kV 断路器运行在Ⅰ母，2 号主变压器 110kV 断路器运行在Ⅱ母，110kV 分段断路器运行；35kV 单母分段运行，1 号主变压器 35kV 断路器运行在Ⅰ母，2 号主变压器 35kV 断路器运行在Ⅱ母，35kV 分段断路器运行；1 号主变压器 220kV 及 110kV 侧中性点接地运行，2 号主变压器中性点不接地运行。

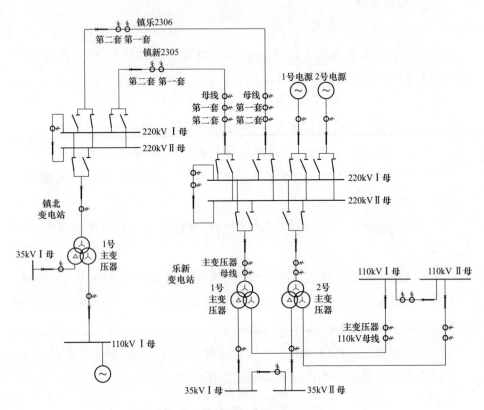

图 4-28　仿真系统事故前运行状态

镇北变电站 220kV 双母运行，镇新 2305 线、1 号主变压器运行在Ⅰ母上，镇乐 2306 线运行在Ⅱ母，220kV 母联断路器运行；110kV 母线接有一小电源；1 号主变压器 220kV 及 110kV 中性点接地运行。

本系统除 220kV 线路保护为双重化配置外，其余保护均单套配置。

110、35kV 母线未配置母线保护。

（二）事故后运行状态

仿真系统事故后运行状态如图 4-29 所示。

断路器变位情况：镇北变电站镇新 2305 线断路器分位；乐新变电站镇新 2305 线断路器分位，1 号电源支路断路器分位，220kV 母联断路器分位，1 号主变压器 110kV 侧、35kV 侧断路器分位。

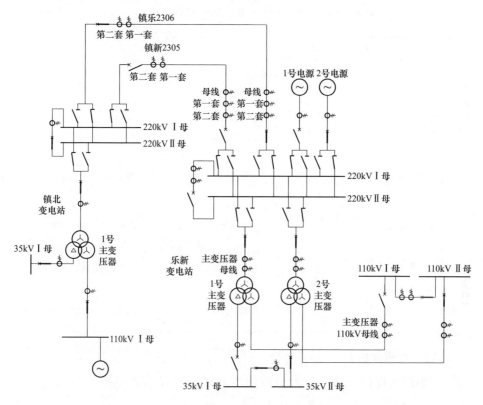

图 4-29 仿真系统事故后运行状态

（三）事故信息采集

1. 故障发生时刻

2022-08-28 16:13:53.080。

2. 保护动作时序整理

该案例保护动作时序经整理后如表 4-6 所示。

表4-6 保护及断路器动作时序

时刻 (ms)	变电站	保护装置	事件	跳/合闸对象
2	—	—	保护启动	—
22	乐新变电站	1号变压器保护	工频变化量差动、比率差动保护动作	1号主变压器各侧断路器
25	乐新变电站	镇乐2306线第一套、第二套保护	纵联差动保护动作，跳A相	镇乐2306线乐新侧A相断路器
29	镇北变电站	镇乐2306线第一套、第二套保护	纵联差动保护动作，跳A相	镇乐2306线镇北侧A相断路器
34	乐新变电站	镇乐2306线第一套、第二套保护	接地距离I段动作，跳A相	镇乐2306线乐新侧A相断路器
188	乐新变电站	220kV母线保护	支路跟跳	1号主变压器220kV侧断路器
288	乐新变电站	220kV母线保护	失灵保护1时限动作，跳母联断路器	乐新变电站220kV母联断路器
438	乐新变电站	220kV母线保护	失灵保护2时限动作，跳I母	乐新变电站镇新2305线断路器、1号主变压器220kV侧断路器
464	镇北变电站	镇新2305线第一、二套保护	远方跳闸动作	镇新2305线镇北侧断路器
1080	乐新变电站	镇乐2306线第一套、第二套保护	重合闸动作	镇乐2306线乐新侧断路器
1095	镇北变电站	镇乐2306线第一套、第二套保护	重合闸动作	镇乐2306线镇北侧断路器

（四）故障分析

收集现场保护动作、故障录波信息，根据时序整理结果，可以进一步分析故障类型、各保护动作逻辑与一、二次缺陷。

根据乐新变电站220kV母线及镇新2305线、镇乐2306线、1号主变压器220kV侧电流录波信息可对故障类型进行判断。当故障发生时，乐新变电站220kV母线A相电压出现电压跌落，系统出现零序电压，如图4-30所示。系统中各间隔A相产生了较大的故障电流，因此初步判断系统中发生A相接地故障，如图4-31、图4-32所示。

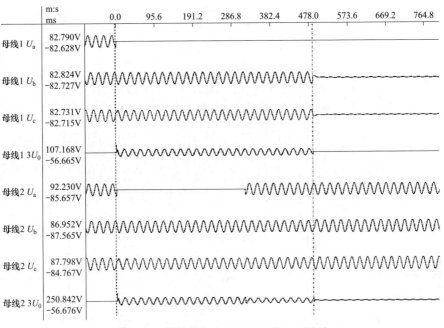

图 4-30　乐新变电站 220kV 母线电压录波

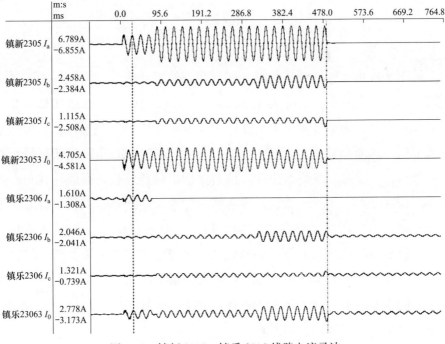

图 4-31　镇新 2305、镇乐 2306 线路电流录波

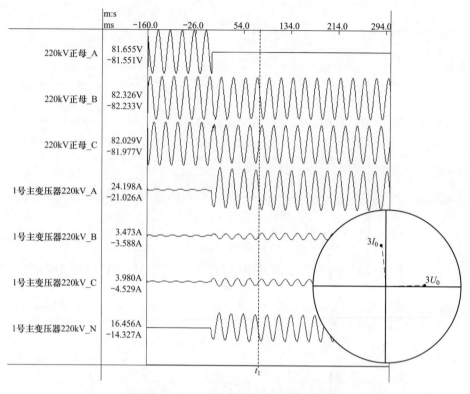

图 4-32　乐新变电站 1 号主变压器 220kV 侧电压电流录波

　　接下来收集动作报告和梳理动作时序，并对故障进行定位。根据整理的保护动作时序分析，故障发生 22ms 后，乐新变电站 1 号变压器保护工频变化量差动、比率差动首先动作，应跳开主变压器三侧断路器，但经检查故障后一次断路器分合情况，发现 1 号主变压器 220kV 侧断路器为合位，怀疑存在缺陷使断路器拒动。检查保护出口软压板、智能终端出口硬压板、控制电源空气断路器、机构本体后发现，该断路器机构因存在"断路器本体压力低闭锁跳合闸"缺陷而拒动。因乐新变电站 1 号主变压器 220kV 侧故障电流远大于 220kV 线路，且故障时 1 号主变压器 220kV 侧零序电流超前 220kV 母线零序电压 95°左右（如图 4-32 所示），属于 1 号主变压器 220kV 侧区内故障，故判断一次故障点为 1 号主变压器 220kV 侧出口处发生 A 相金属性永久性接地故障。

在确定故障类型和一次故障位置之后，分析各保护的动作行为是否正确。25ms，乐新变电站镇乐 2306 线第一套、第二套保护的纵联差动保护动作，34ms 时，两套保护接地距离 I 段动作，跳开镇乐 2306 线乐新侧 A相断路器，启动重合闸。29ms 左右，镇北变电站镇乐 2306 线第一套、第二套保护的纵联差动保护动作，跳开镇乐 2306 线镇北侧 A 相断路器，启动重合闸。考虑到故障点位于 1 号主变压器 220kV 侧区内，镇乐 2306 线路保护不应动作，判断其为误动。

观察镇新 2305 线和镇乐 2306 线电流，如图 4-33 所示，发现正常时刻镇新 2305 线三相电流基本对称，而镇乐 2306 线 A 相电流比 B、C 相电流大，考虑到镇新 2305 线和镇乐 2306 线为平行双回线，正常时刻两线电流应该等大同向，怀疑镇新 2305 线乐新侧出口 A 相 TA 至母线之间与镇乐2306 线 A 相 TA 至母线之间有线路搭接，导致镇新 2305 线 A 相部分电流流过镇乐 2306 线 A 相 TA。故障时刻镇乐 2306 线出现较大差流，故镇乐2306 线两侧两套差动保护动作，乐新变电站镇乐 2306 线两套保护接地距离 I 段动作，跳开两侧 A 相断路器。

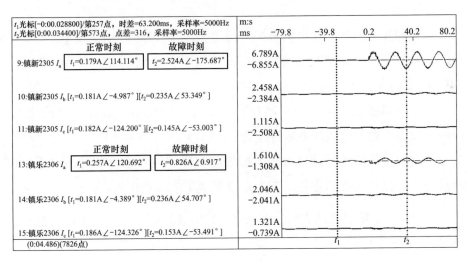

图 4-33 乐新变电站 1 号主变压器 220kV 侧电流录波

因 1 号主变压器 220kV 侧断路器拒动，1 号变压器保护向 220kV 母线保护发启失灵信号，故障发生 188ms 左右，220kV 母线保护支路跟跳 1 号主变压器 220kV 侧断路器，跟跳失败。288ms 左右，失灵保护 1 时限动作，继续跳 220kV 母联断路器，438ms 左右，失灵保护 2 时限动作，跳 I 母，切除故障电流。464ms 左右，镇新 2305 线第一、二套保护远方跳闸动作，跳开镇新 2305 线镇北侧断路器，故障隔离。

1080ms 左右，由于乐新变电站 220kV 母联断路器已经跳开，镇乐 2306 线无故障电流，镇乐 2306 线两侧第一套、第二套重合闸分别动作，重合成功。

（五）故障总结

1. 一次故障点

0ms 1 号主变压器 220kV 侧出口处发生 A 相金属性永久性接地故障。

2. 一次缺陷

（1）1 号主变压器 220kV 侧断路器因"断路器本体压力低闭锁跳合闸回路"三相拒动；

（2）故障前 0.5s，镇新 2305 线乐新侧出口 A 相 TA 至母线之间与镇乐 2306 线 A 相 TA 至母线之间有线路搭接。

3. 知识点

（1）若线路两侧 TA 区内搭接，当发生区外故障时会出现差流；

（2）主变压器差动及母线差动保护瞬时动作，母线失灵保护动作会因有第 1、2 时限，动作时间较长；

（3）单相接地故障的波形特征：故障相电压降低，故障相电流增大，同时系统中产生零序电压和零序电流；

（4）接地故障可以通过对比零序电流与零序电压之间的角度关系，判断故障点在保护正方向还是反方向，进而确定故障点位置。

案例 7：乐新变电站 2 号主变压器 110kV 侧 A 相区外 B 相区内永久性故障

（一）事故前运行状态

仿真系统事故前运行状态如图 4-34 所示。乐新变电站 220kV 双母运行，镇新 2305 线、1 号主变压器、1 号电源运行在 I 母上，镇乐 2306 线、

2号主变压器、2号电源运行在Ⅱ母上，220kV母联断路器运行；110kV单母分段运行，1号主变压器110kV断路器运行在Ⅰ母，2号主变压器110kV断路器运行在Ⅱ母，110kV分段断路器运行；35kV单母分段运行，1号主变压器35kV断路器运行在Ⅰ母，2号主变压器35kV断路器运行在Ⅱ母，35kV分段断路器运行；1号主变压器220kV及110kV中性点接地运行，2号主变压器中性点不接地运行。

镇北变电站220kV双母运行，镇新2305线、1号主变压器运行在Ⅰ母上，镇乐2306线运行在Ⅱ母，220kV母联断路器运行；110kV母线接有一小电源；1号主变压器220kV及110kV中性点接地运行。

本系统除220kV线路保护为双重化配置外，其余保护均单套配置。110、35kV母线未配置母线保护。

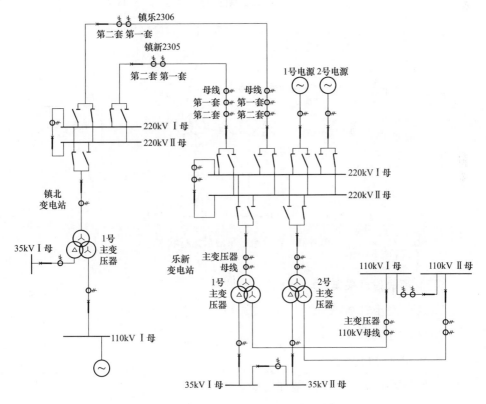

图4-34　仿真系统事故前运行状态

（二）事故后运行状态

仿真系统事故后运行状态如图 4-35 所示。

断路器变位情况：乐新变电站 2 号主变压器 220kV 断路器分位、2 号主变压器 35kV 断路器分位、110kV 母线分段断路器分位。

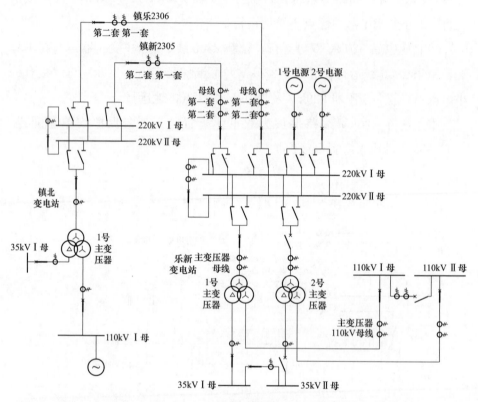

图 4-35　仿真系统事故后运行状态

（三）事故信息采集

1. 故障发生时刻

2022-08-18　08：41：04.960。

2. 保护动作时序整理

该案例保护动作时序经整理后如表 4-7 所示。

表 4-7 保护及断路器动作时序

时刻 （ms）	变电站	保护装置	事件	跳/合闸对象
0	—	—	保护启动	—
10	乐新变电站	2 号变压器保护装置	差动速断保护动作； 相别：A、B 相； 差动电流：7.719A	乐新变电站 2 号主变压器三侧断路器
2900	乐新变电站	1 号变压器保护装置	A、B 相中压侧过电流保护Ⅰ段 1 时限动作	乐新变电站 110kV 母线分段断路器

（四）故障分析

收集现场保护动作、故障录波信息，根据时序整理结果，可以进一步分析故障类型、各保护动作逻辑与一、二次缺陷。

根据乐新变电站母线电压及主变压器三侧电流录波信息，如图 4-36～图 4-38 所示，可对故障类型进行判断。

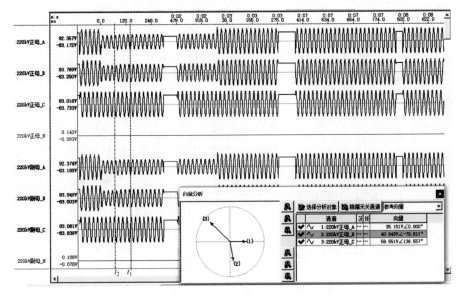

(a) 乐新变电站220kV母线电压

图 4-36　乐新变电站母线电压录波（一）

75

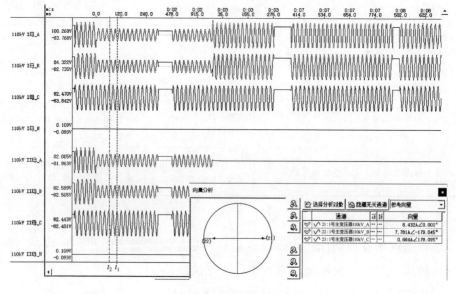

(b) 乐新变电站110kV母线电压

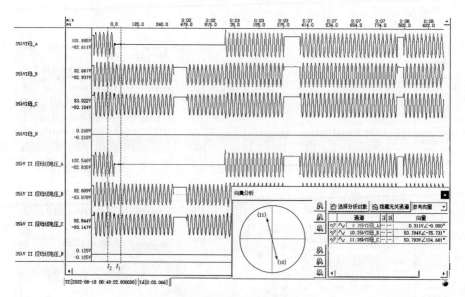

(c) 乐新变电站35kV母线电压

图 4-36　乐新变电站母线电压录波（二）

　　故障发生后，220、110kV 母线 A、B 相电压降低，35kV 母线 A 相电压降低。

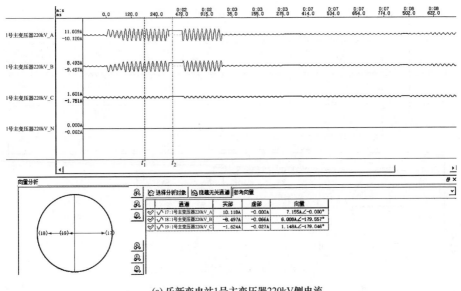

(a) 乐新变电站1号主变压器220kV侧电流

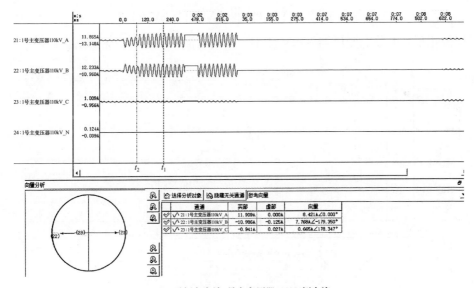

(b) 乐新变电站1号主变压器110kV侧电流

图 4-37 乐新变电站 1 号主变压器三侧电流录波（一）

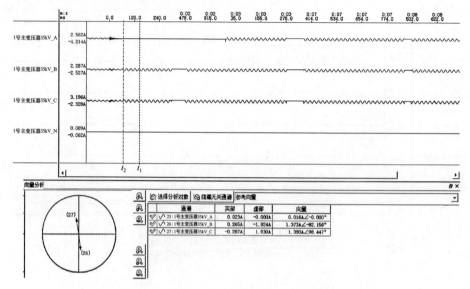

(c) 乐新变电站1号主变压器35kV侧电流

图 4-37　乐新变电站 1 号主变压器三侧电流录波（二）

由图 4-37 可知，1 号主变压器 220kV、110kV 侧 A、B 相电流增大、相位相反，1 号主变压器 35kV 侧 B、C 相电流增大、相位相反。

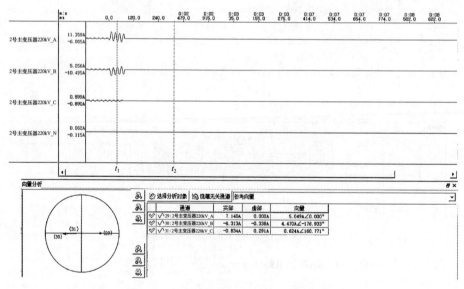

(a) 乐新变电站2号主变压器220kV侧电流

图 4-38　乐新变电站 2 号主变压器三侧电流录波（一）

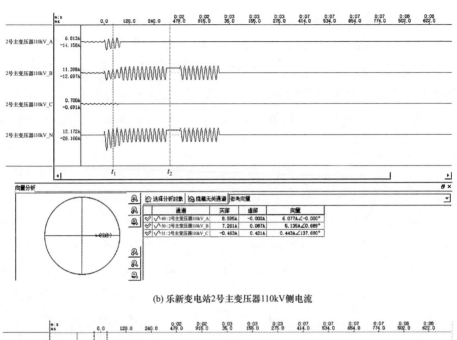

(b) 乐新变电站2号主变压器110kV侧电流

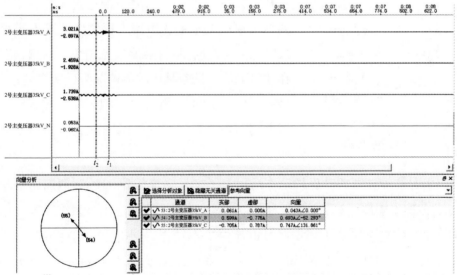

(c) 乐新变电站2号主变压器35kV侧电流

图 4-38　乐新变电站 2 号主变压器三侧电流录波（二）

由图 4-38 可知，2 号主变压器 220kV 侧 A、B 相电流增大、相位相反，2 号主变压器 110kV 侧 A、B 相电流增大、相位相同，2 号主变压器 35kV 侧 B、C 相电流增大、相位相反，因上述波形符合 220kV 或 110kV 系统相间短路波形特征，故判断系统存在相间短路故障。针对系统相间短路故障时，2 号主变压器 110kV 侧 A、B 相电流相位相同这一异常情况，判断故障为 2 号主变压器 110kV 侧 A、B 相一点区内一点区外相间短路。

收集动作报告，梳理动作时序，并对故障进行精确定位。根据整理的保护动作时序分析，故障发生后，乐新变电站 2 号变压器保护装置 A、B 相差动动作，按照动作要求应跳开 2 号主变压器三侧断路器，而动作结束后发现 2 号主变压器 110kV 侧断路器拒动，怀疑存在缺陷，检查发现 2 号变压器保护屏后，110kV 侧断路器跳闸出口端子连接刀片未恢复，导致 110kV 侧断路器拒动。此时由于 2 号主变压器 220kV 侧与 35kV 侧断路器

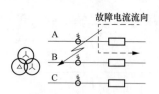

图 4-39　差动保护动作
后 2 号主变压器 110kV
侧故障电流流向

断开，220kV 母线 1、2 号电源通过 1 号主变压器高压侧及 1 号主变压器中压侧向故障点提供故障电流，此时 A 相故障电流消失、B 相仍存在故障电流，推断具体故障情况为乐新变电站 2 号主变压器 110kV 侧发生 A 相区外 B 相区内金属性相间短路，此时的故障电流流向如图 4-39 所示。

2 号主变压器差动保护动作后，由于 2 号主变压器 110kV 侧断路器拒动，故障未隔离。2 号主变压器 110kV 侧 B 相有故障电流，系统无零序电压，2 号主变压器中压侧零序过电流保护不动作。同时由 2 号主变压器 B 相电流流向可知，该故障为 2 号主变压器中压侧复压过电流保护的反方向故障，2 号主变压器中压侧复压过电流保护不动作。对于 1 号主变压器中压侧来说，该相间故障为 1 号主变压器中压侧复压过电流保护的正方向故障，故 1 号主变压器中压侧过电流 I 段 1 时限跳开乐新变电站 110kV 分段。至此保护动作结束，故障隔离。

（五）故障总结

1. 一次故障点

0ms 时，乐新变电站 2 号主变压器 110kV 侧发生 A 相区外 B 相区内永久性故障。

2. 二次缺陷

2 号变压器保护中压侧断路器出口刀片未恢复。

3. 知识点

（1）相间故障的电压电流波形特征：故障相电压等大同向，与非故障相反向，幅值为非故障相电压的一半；故障相电流等大反向。

（2）一点区内一点区外的相间故障特征：两相电流同向。

（3）变压器保护各保护功能的保护范围。

（4）主变压器后备各保护、各段、各时限跳闸情况。

案例 8：乐新变电站 35kV 母线 B、C 相间金属性永久性故障

（一）事故前运行状态

事故前运行状态如图 4-40 所示。乐新变电站 220kV 双母运行，镇新 2305 线、1 号主变压器、1 号电源运行在Ⅰ母上，镇乐 2306 线、2 号主变压器、2 号电源运行在Ⅱ母上，220kV 母联断路器运行；110kV 单母分段运行，1 号主变压器 110kV 断路器运行在Ⅰ母，2 号主变压器 110kV 断路器运行在Ⅱ母，110kV 分段断路器运行；35kV 单母分段运行，1 号主变压器 35kV 断路器运行在Ⅰ母，2 号主变压器 35kV 断路器运行在Ⅱ母，35kV 分段断路器运行；1 号主变压器 220kV 及 110kV 中性点接地运行，2 号主变压器中性点不接地运行。

镇北变电站 220kV 双母运行，镇新 2305 线、1 号主变压器运行在Ⅰ母上，镇乐 2306 线运行在Ⅱ母，220kV 母联断路器运行；110kV 母线接有一个小电源；1 号主变压器 220kV 及 110kV 中性点接地运行。

本系统除 220kV 线路保护为双重化配置外，其余保护均单套配置。110、35kV 母线未配置母线保护。

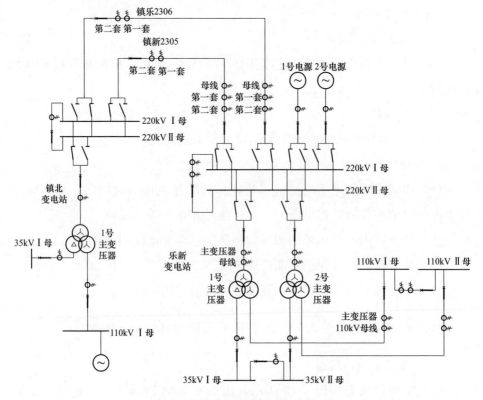

图 4-40　仿真系统事故前运行状态

（二）事故后运行状态

仿真系统事故后运行状态如图 4-41 所示。

断路器变位情况：乐新变电站镇乐 2306 线断路器分位，2 号电源支路断路器分位，220kV 母联断路器分位，1 号主变压器 220kV 侧、110kV 侧、35kV 侧断路器分位，2 号主变压器 110kV 侧断路器分位；镇北变电站镇乐 2306 线断路器分位。

（三）事故信息采集

1. 故障发生时刻

2022-08-17　17:03:09.810。

2. 保护动作时序整理

该案例保护动作时序经整理后如表 4-8 所示。

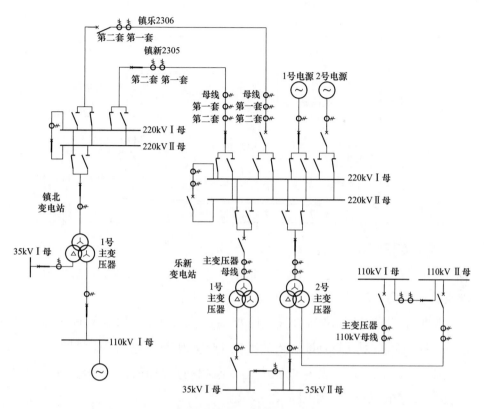

图 4-41 仿真系统事故后运行状态

表 4-8 保护及断路器动作时序

时刻 (ms)	变电站	保护装置	事件	跳/合闸对象
0	—	—	保护启动	—
1721	乐新变电站	2号变压器保护	低后备1时限动作；故障电流：10.69A	乐新变电站35kV分段断路器
2021	乐新变电站	2号变压器保护	低后备2时限动作；故障电流：10.69A	2号主变压器35kV侧断路器
2321	乐新变电站	2号变压器保护	低后备3时限动作；故障电流：10.69A	2号主变压器220kV侧、110kV侧、35kV侧断路器
2484	乐新变电站	220kV母线保护	2号主变压器高压侧支路跟跳	2号主变压器220kV侧断路器
2584	乐新变电站	220kV母线保护	失灵保护1时限动作；跳母联断路器	乐新变电站220kV母联断路器

续表

时刻 （ms）	变电站	保护装置	事件	跳/合闸对象
2734	乐新变电站	220kV 母线保护	失灵保护 2 时限动作； 跳Ⅱ母	乐新变电站镇乐 2306 线、 2 号电源支路、2 号主变压 器 220kV 侧三相断路器
2753	镇北变电站	镇乐 2306 线第一 套、第二套保护	远方跳闸动作	镇乐 2306 线镇北侧三相断 路器
3208	乐新变电站	1 号变压器保护	高后备Ⅰ段 1 时限动作	1 号主变压器 110kV 侧断 路器
3508	乐新变电站	1 号变压器保护	高后备Ⅰ段 2 时限动作	1 号主变压器三侧断路器

（四）故障分析

收集现场保护动作、故障录波信息，根据时序整理结果，可以进一步分析故障类型、各保护动作逻辑与一、二次缺陷。

根据乐新变电站 35kV 母线电压及 1、2 号主变压器 35kV 侧电流录波信息可对故障类型进行判断。当故障发生时，乐新变电站 35kV 母线 B、C 相电压出现电压降低，两相电压大小方向相同，幅值为 A 相电压的一半，相位与 A 相电压相反，如图 4-42 所示。

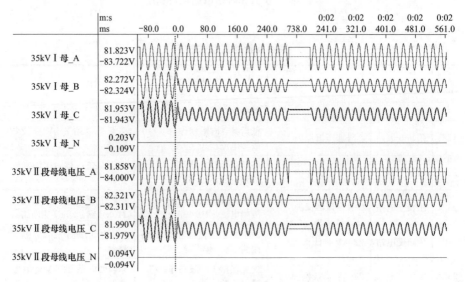

图 4-42　乐新变电站 35kVⅠ、Ⅱ段母线电压录波

同时，1、2号主变压器 B、C 相产生较大的故障电流，两者大小相同、方向相反，系统无零序分量，如图 4-43 所示。

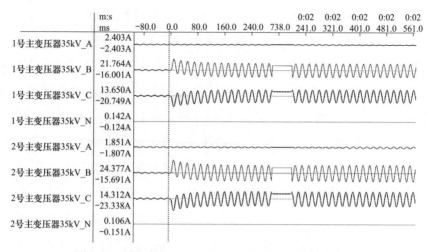

图 4-43　乐新变电站 1、2 号主变压器 35kV 侧电流录波

而在 1、2 号主变压器高压侧电流波形中，如图 4-44 所示，故障 B、C 相的滞后相 C 相电流最大，另两相 A、B 相方向相同，与滞后相相反，乐新变电站 220kV 母线电压滞后相 C 相电压最低，两相 A、B 相夹角接近 180°，符合主变压器低压侧两相短路时，高压侧的电流电压波形特征。因此，初步判断系统中主变压器低压侧发生 B、C 相间故障。

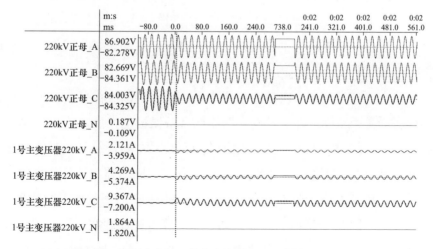

图 4-44　乐新变电站 1 号主变压器 220kV 侧电压电流录波

接下来收集动作报告，梳理动作时序，并对故障进行定位。根据整理的保护动作时序分析，故障发生后，1721ms 左右 2 号变压器保护低后备 1 时限动作，保护应跳乐新变电站 35kV 侧母线分段断路器。2021ms 左右，2 号变压器保护低后备 2 时限动作，保护应跳 2 号主变压器 35kV 侧断路器。2321ms 左右，低后备 3 时限动作，应跳开 2 号主变压器各侧断路器。对比故障后各断路器位置，2 号主变压器 110kV 侧断路器成功跳开，但 2 号主变压器 220kV 侧、35kV 侧和 35kV 分段断路器均为合位，判断乐新变电站 2 号主变压器低后备保护存在缺陷。检查乐新变电站 2 号主变压器低后备保护定值，发现变压器保护低后备保护跳闸矩阵误整定，保护动作时均不跳 2 号主变压器 35kV 侧断路器和 35kV 分段断路器，因此两断路器未跳开。核查了 2 号变压器保护 220kV 侧断路器出口硬压板、控制电源空气断路器、机构本体后发现，该 220kV 侧断路器机构存在"断路器本体压力低闭锁跳合闸回路"缺陷拒动。根据整定细则可以得知，1、2 号主变压器均配置了低后备保护，但只有 2 号主变压器低后备动作，怀疑 1 号主变压器存在低后备保护拒动缺陷。检查乐新变电站 1 号主变压器屏柜状态，发现低后备保护功能硬压板未投入，因此 1 号主变压器低后备保护未动作。因为 1、2 号主变压器 35kV 侧、35kV 母线分段断路器均不动作，无法隔离故障，因此不能判断故障发生在哪一段母线或是主变压器 35kV 侧死区位置，结合电压特征、保护动作行为发现，1、2 号主变压器电流方向相同，因此目前只能确定为主变压器 35kV 侧死区或者 35kV 母线上发生 B、C 相间金属性永久性故障。

在确定故障类型和一次故障位置之后，需要判断在故障发生时各保护的动作行为是否正确。在 2 号主变压器低后备保护动作后，向 220kV 母线保护发启失灵信号，220kV 母线保护在 2484ms 左右，跟跳 2 号主变压器 220kV 侧断路器，因 220kV 侧断路器机构存在"断路器本体压力低闭锁跳合闸回路"缺陷拒动。在 2584ms 左右，失灵保护 1 时限动作，跳开 220kV 母联断路器，因 220kV 侧断路器拒动，而故障电流还存在，失灵保护 2 时限继续动作跳 Ⅱ 母，乐新变电站镇乐 2306 线、2 号电源支路断路器断开，切除故障电流。失灵保护跳开镇乐 2306 线乐新侧断路器，并通过光纤通道向镇乐 2306 线对侧发远跳信号，2753ms 左右，镇乐 2306 线第一套、第二套保护远方跳闸动作，跳开了镇乐 2306 线镇北侧三相断路器。根据失灵保护原理，失灵保护动作后应向变压器保护发失灵联跳信号，然而 2 号主变压器未有该报文，怀疑存在二次缺陷。检查变压器保护定值发现，2 号变压器保护高后备软压板退出，该压板退出将停用变压器保护失灵联跳功能。

因 1 号主变压器低压侧断路器、35kV 分段断路器仍未跳开，主变压器高压侧一直存在故障电流。在 3208ms 左右，1 号变压器保护高后备Ⅰ段 1 时限动作，跳开 1 号主变压器 110kV 侧断路器。3508ms 左右，1 号变压器保护高后备Ⅰ段 2 时限动作，跳开 1 号主变压器 220、110、35kV 侧断路器，故障隔离。

（五）故障总结

1. 一次故障点

0ms 时，35kV 母线上发生 B、C 相间金属性永久性故障。

2. 一次缺陷

2 号主变压器 220kV 侧断路器三相拒动。

3. 二次缺陷

（1）2 号主变压器低后备保护跳闸矩阵误整定；

（2）1 号主变压器低后备保护功能硬压板未投入；

（3）2 号主变压器高后备保护软压板退出。

4. 知识点

（1）母线失灵保护接收启失灵信号跳母线后，会发线路远跳和主变压器失灵联跳信号。

（2）变压器保护跳闸矩阵会影响保护动作行为。

（3）主变压器失灵联跳功能受高后备保护软压板控制。

（4）变压器高低压侧（Y-△）的波形特征：主变压器高压侧电流波形中，故障 B、C 相的滞后相 C 相电流最大，另两相 A、B 相方向相同，与滞后相相反；母线电压滞后相 C 相电压最低，另两相 A、B 相夹角接近 180°。

案例 9：乐新变电站 35kV Ⅰ 段母线 A、B 相短路——2 号主变压器高压侧电流短接

（一）事故前运行状态

仿真系统事故前运行状态如图 4-45 所示。乐新变电站 220kV 双母运行，镇新 2305 线、1 号主变压器、1 号电源运行在 Ⅰ 母上，镇乐 2306 线、2 号主变压器、2 号电源运行在 Ⅱ 母上，220kV 母联断路器运行；110kV 单母分段运行，1 号主变压器 110kV 断路器运行在 Ⅰ 母，2 号主变压器 110kV 断路器运行在 Ⅱ 母，110kV 分段断路器运行；35kV 单母分段运行，1 号主变压器 35kV 断路器运行在 Ⅰ 母，2 号主变压器 35kV 断路器运行在 Ⅱ 母，35kV 分段断路器运行；1 号主变压器 220kV 及 110kV 中性点接地运行，2 号主变压器中性点不接地运行。

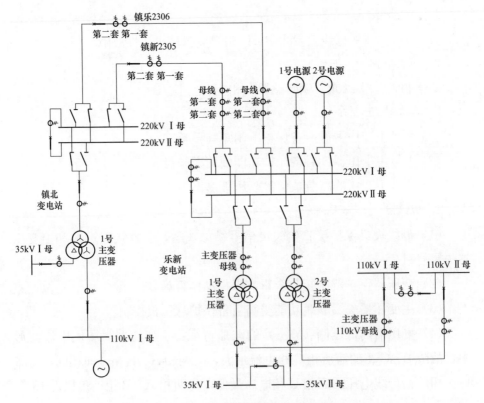

图 4-45　仿真系统事故前运行状态

镇北变电站 220kV 双母运行，镇新 2305 线、1 号主变压器运行在 I 母上，镇乐 2306 线运行在 II 母，220kV 母联断路器运行；110kV 母线接有一小电源；1 号主变压器 220kV 及 110kV 中性点接地运行。

本系统除 220kV 线路保护为双重化配置外，其余保护均单套配置。110、35kV 母线未配置母线保护。

（二）事故后运行状态

仿真系统事故后运行状态如图 4-46 所示。

断路器变位情况：乐新变电站 1 号主变压器 35kV 断路器、2 号主变压器三侧断路器、35kV 母线分段断路器均为分位。

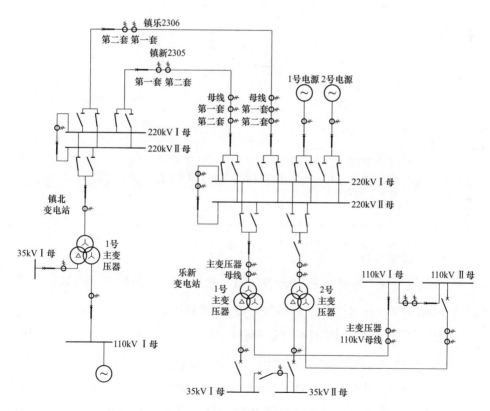

图 4-46 仿真系统事故后运行状态

（三）事故信息采集

1. 故障发生时刻

2022-08-22　15：08：53.334。

2. 保护动作时序整理

该案例保护动作时序经整理后如表 4-9 所示。

表 4-9　　　　　　　　　　　　保护及断路器动作时序

时刻（ms）	变电站	保护装置	事件	跳/合闸对象
0	—	—	保护启动	—
17	乐新变电站	2 号变压器保护装置	比率差动保护动作；差动电流：4.406A；制动电流：2.031A；相别：A、B 相	2 号主变压器三侧断路器
1700	乐新变电站	1 号变压器保护装置	Ⅲ侧过电流保护Ⅰ段 1 时限动作；选相：A、B 相	乐新变电站 35kV 分段断路器
2200	乐新变电站	1 号变压器保护装置	Ⅲ侧过电流保护Ⅰ段 2 时限动作；选相：A、B 相	乐新变电站 1 号主变压器 35kV 断路器

（四）故障分析

收集现场保护动作、故障录波信息，根据时序整理结果，可以进一步分析故障类型、各保护动作逻辑与一、二次缺陷。

根据图 4-47 所示电压特征可以判断故障类型。故障发生时，乐新变电站 35kV 母线 A、B 相电压大小相等，方向相同，幅值为 C 相电压的一半，相位与 C 相电压相反。220kV 母线 B 相电压最小，A、C 相电压基本等大反向。符合主变压器低压侧 A、B 相间短路高低压侧电压特征。初步判断为主变压器低压侧发生 A、B 相间短路故障。

根据电流波形分析保护动作行为，如图 4-48 所示。1 号主变压器 35kV

侧 A、B 相电流等大反向，220kV 侧 B 相电流最大，与 A、C 相电流反向，符合 1 号主变压器低压侧 A、B 相间短路的电流特征。1700ms，1 号主变压器低后备 1 时限动作，跳开 35kV 母线分段断路器；2200ms，1 号主变压器低后备 2 时限动作，跳开 1 号主变压器 35kV 侧断路器，故障隔离。确定故障点位于 35kV Ⅰ 段母线范围。

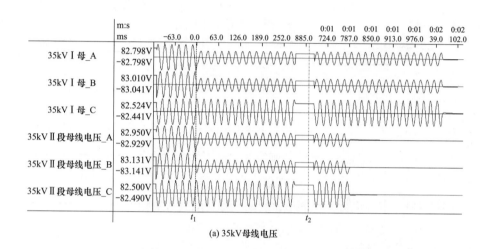

(a) 35kV母线电压

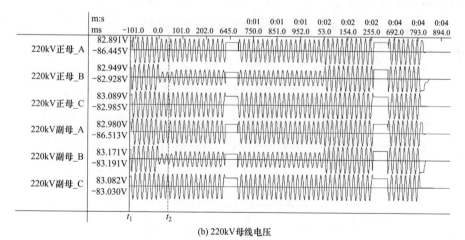

(b) 220kV母线电压

图 4-47　乐新变电站母线电压录波

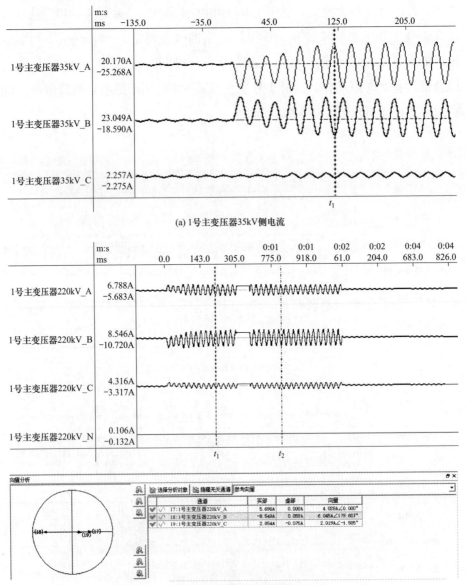

(a) 1号主变压器35kV侧电流

(b) 1号主变压器220kV侧电流

图 4-48　乐新变电站 1 号主变压器电流录波

　　观察 2 号主变压器电流波形，如图 4-49 所示，2 号主变压器 35kV 侧 AB 相电流等大反向，符合主变压器低压侧 A、B 相间短路的电流特征，发现正常时刻和故障时刻 2 号主变压器 220kV 侧电流采样基本为 0，怀疑存在二次缺陷。

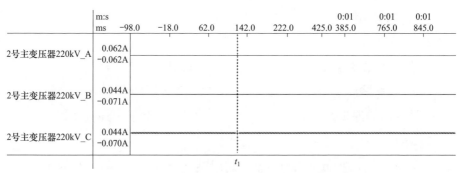

(a) 2号主变压器220kV侧电流

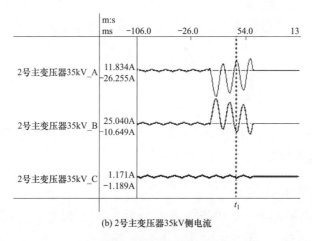

(b) 2号主变压器35kV侧电流

图 4-49 乐新变电站主变压器电流录波

经检查发现 2 号变压器保护装置 220kV 电流 I_A、I_B、I_C 端子排外侧短接，如图 4-50 所示，导致 2 号主变压器 220kV 侧电流采样一直为 0，发生故障时，2 号主变压器差动保护误动，跳开三侧断路器。

图 4-50 2 号变压器保护 220kV 侧电流端子短接

（五）故障总结

1. 一次故障点

乐新变电站 35kV Ⅰ段母线发生 B、C 相间永久性短路。

2. 二次缺陷

2 号变压器保护装置 220kV 电流 I_A、I_B、I_C 端子排外侧短接。

3. 知识点

（1）变压器保护低后备动作：1 时限跳开分段、2 时限跳开低压侧断路器、3 时限跳开三侧；

（2）主变压器低压侧相间故障电流特征：高压侧对应其中的滞后相电流最大；

（3）11 点接线主变压器高低侧电压的对应关系：低压侧 A、B 相电压降低，对应高压侧 B 相电压降低。

案例 10：2 号主变压器 35kV 侧死区 A 相金属性接地故障，后发展为 A、B 两相接地故障

（一）事故前运行状态

仿真系统事故前运行状态如图 4-51 所示。乐新变电站 220kV 双母运行，镇新 2305 线、1 号主变压器、1 号电源运行在Ⅰ母上，镇乐 2306 线、2 号主变压器、2 号电源运行在Ⅱ母上，220kV 母联断路器运行；110kV 单母分段运行，1 号主变压器 110kV 断路器运行在Ⅰ母，2 号主变压器 110kV 断路器运行在Ⅱ母，110kV 分段断路器运行；35kV 单母分段运行，1 号主变压器 35kV 断路器运行在Ⅰ母，2 号主变压器 35kV 断路器运行在Ⅱ母，35kV 分段断路器运行；1 号主变压器 220kV 及 110kV 中性点接地运行，2 号主变压器中性点不接地运行。

镇北变电站 220kV 双母运行，镇新 2305 线、1 号主变压器运行在Ⅰ母上，镇乐 2306 线运行在Ⅱ母，220kV 母联断路器运行；110kV 母线接有一小电源；1 号主变压器 220kV 及 110kV 中性点接地运行。

本系统除 220kV 线路保护为双重化配置外，其余保护均单套配置。110、35kV 母线未配置母线保护。

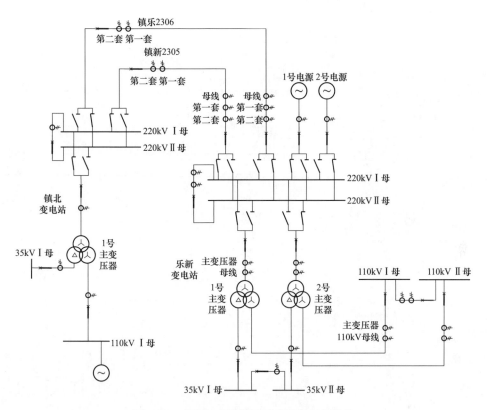

图 4-51 系统一次接线图及事故前运行状态

（二）事故后运行状态

仿真系统事故后运行状态如图 4-52 所示。

断路器变位情况：乐新变电站 1、2 号主变压器 220、110、35kV 侧断路器分位。

（三）事故信息采集

1. 装置显示故障发生时刻

2022-08-18 14:29:58.833。

2. 保护动作时序整理

该案例保护动作时序经整理后如表 4-10 所示。

跟着电网企业劳模学系列培训教材　继电保护典型事故仿真案例分析

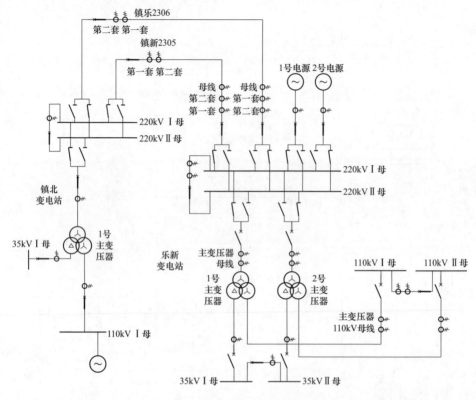

图 4-52　仿真系统事故后运行状态

表 4-10　　　　　　　　保护及断路器动作时序

时刻 (ms)	变电站	保护装置	事件	跳/合闸对象
0	—	—	保护启动	—
1507	乐新变电站	1 号变压器保护	高后备过电流保护Ⅰ段 2 时限动作	1 号主变压器各侧三相断路器
1722	乐新变电站	2 号变压器保护	低后备过电流保护 1 时限动作	乐新变电站 35kV 母线分段三相断路器
2022	乐新变电站	2 号变压器保护	低后备过电流保护 2 时限动作	2 号主变压器 35kV 侧三相断路器
2322	乐新变电站	2 号变压器保护	低后备过电流保护 3 时限动作	2 号主变压器各侧三相断路器

96

（四）故障分析

收集现场保护动作、故障录波信息，根据时序整理结果，可以进一步分析故障类型、各保护动作逻辑与一、二次缺陷。

根据乐新变电站 35kV 母线电压和 1、2 号主变压器 35kV 电流录波信息可对故障类型进行判断。当故障发生时，乐新变电站 35kV 母线电压 A 相降低为 0，B、C 相升高为正常相 1.732 倍，如图 4-53 所示。

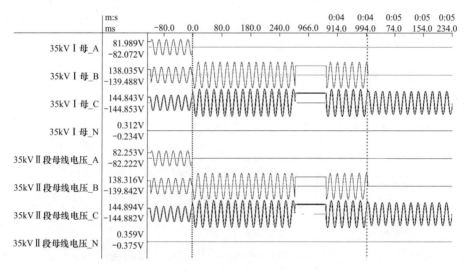

图 4-53　乐新变电站 35kV Ⅰ、Ⅱ段母线电压录波

1、2 号主变压器 35kV 侧无故障电流产生，可以初步判定为 35kV 不接地系统侧发生 A 相单相接地故障。5s 后，乐新变电站 35kV 母线 B 相电压也降低为 0，1、2 号主变压器 35kV 侧 A、B 相产生较大的故障电流，两者大小相同、方向相反，如图 4-54 所示。

在 1、2 号主变压器高压侧电流波形中，故障 A、B 相的滞后相 B 相电流最大，另两相 A、C 相方向相同，与滞后相相反，乐新变电站 220kV 母线电压滞后相 B 相电压最低，另两相 A、C 相夹角接近 180°，因此初步判断系统中主变压器低压侧在发生 A 相单相接地故障后进一步发展为 A、B 相间接地故障，如图 4-55 所示。

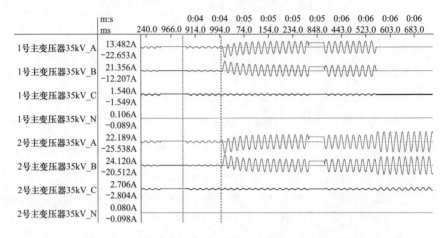

图 4-54　乐新变电站 1、2 号主变压器 35kV 侧电流录波

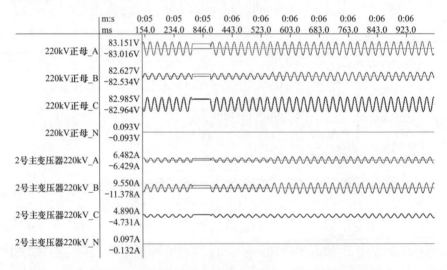

图 4-55　乐新变电站 2 号主变压器 220kV 侧电压电流录波

接下来收集动作报告，梳理动作时序，并对故障进行定位。根据保护动作时序分析，在 A 相单相接地故障发展为 A、B 相间接地故障后，1507ms 左右，1 号变压器保护高后备过电流 I 段 2 时限动作，跳开 1 号主变压器三侧断路器，1 号主变压器 35kV 侧故障电流降低为 0，2 号主变压器 35kV 侧故障电流依然存在，可见故障发生在 1 号主变压器 35kV 侧断路器至 2 号主变压器 35kV 侧 TA 之间的区域。1722ms 左右，2 号变压器保

护低后备过电流 1 时限动作，跳开乐新变电站 35kV 母线分段断路器，故障电流依然存在。2022ms 左右，2 号变压器保护低后备过电流 2 时限动作，跳开 2 号主变压器 35kV 侧断路器，故障电流依然存在。2322ms 左右，2 号变压器保护低后备过电流 3 时限动作，跳开 2 号主变压器三侧断路器，故障隔离。根据整定细则我们可以得知，变压器保护高后备过电流Ⅰ段 2 时限应大于低后备 3 时限，作为低后备的后备保护动作，怀疑 1 号变压器保护高后备过电流Ⅰ段整定值存在缺陷。通过检查 1 号变压器保护定值，发现 1 号变压器保护高后备过电流Ⅰ段 2 时限的 3.5s 误整定为 1.5s，使 1 号主变压器高后备过电流Ⅰ段先于 1 号主变压器低后备动作。2 号主变压器低后备过电流 2 时限动作，未能隔离故障，3 时限动作，跳开 2 号主变压器三侧断路器，故障方才隔离，判断故障发生于 2 号主变压器 35kV 侧死区。结合电压特征、保护动作行为，确定为 2 号主变压器 35kV 侧死区发生 A 相金属性接地故障后 5s 进一步发展为 A、B 两相金属性接地故障。

（五）故障总结

1．一次故障点

（1）0ms 时 2 号主变压器 35kV 侧死区 A 相金属性接地故障；

（2）5s 时故障进一步发展为 A、B 两相金属性接地故障。

2．二次缺陷

2 号变压器保护高后备过电流Ⅰ段 2 时限误整定。

3．知识点

（1）主变压器高后备保护应作为低后备的后备保护；

（2）非接地系统单相接地无故障电流；

（3）两相接地故障的波形特征。

第三节　母线故障案例分析

案例 11：线路 C 相经高阻接地

（一）事故前运行状态

仿真系统事故前运行状态如图 4-56 所示。乐新变电站 220kV 双母运

行，镇新 2305 线、1 号主变压器、1 号电源运行在 I 母上，镇乐 2306 线、2 号主变压器、2 号电源运行在 II 母上，220kV 母联断路器运行；110kV 单母分段运行，1 号主变压器 110kV 断路器运行在 I 母，2 号主变压器110kV 断路器运行在 II 母，110kV 分段断路器运行；35kV 单母分段运行，1 号主变压器 35kV 断路器运行在 I 母，2 号主变压器 35kV 断路器运行在 II 母，35kV 分段断路器运行；1 号主变压器 220kV 及 110kV 中性点接地运行，2 号主变压器中性点不接地运行。

镇北变电站 220kV 双母运行，镇新 2305 线、1 号主变压器运行在 I 母上，镇乐 2306 线运行在 II 母，220kV 母联断路器运行；110kV 母线接有一小电源；1 号主变压器 220kV 及 110kV 中性点接地运行。

本系统除 220kV 线路保护为双重化配置外，其余保护均单套配置。110、35kV 母线未配置母线保护。

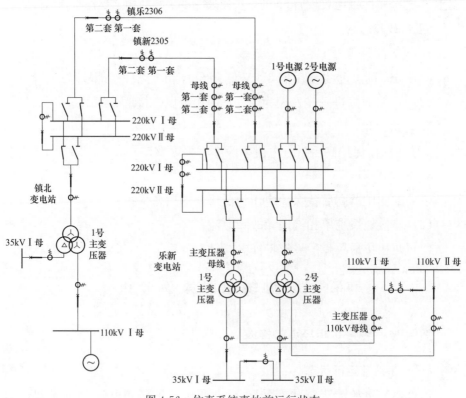

图 4-56　仿真系统事故前运行状态

（二）事故后运行状态

仿真系统事故后运行状态如图 4-57 所示。

断路器变位情况：乐新变电站镇新 2305 断路器分位、乐新变电站镇乐 2306 断路器分位。

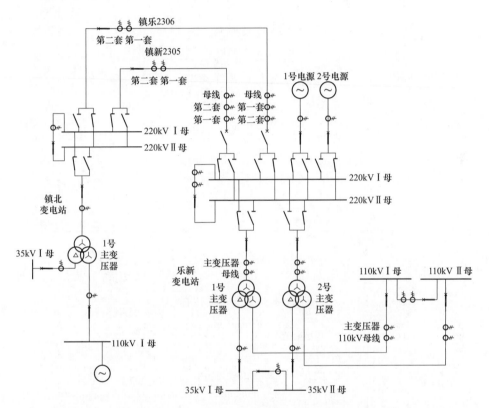

图 4-57 仿真系统事故后运行状态

（三）事故信息采集

1. 故障发生时刻

2022-08-23 18:49:03.832。

2. 保护动作时序整理

该案例保护动作时序经整理后如表 4-11 所示。

表 4-11　　　　　　　　　　　保护及断路器动作时序

时刻 (ms)	变电站	保护装置	事件	跳/合闸对象
0	—	—	保护启动	—
11302	乐新变电站	镇新 2305 第一套、第二套保护装置	零序过流保护 Ⅱ 段动作，距离保护 Ⅱ 段动作；最大零序电流：4.844A；测距：30.88km；相别：C 相	镇新 2305 线乐新变电站侧 C 相断路器
11306	乐新变电站	镇乐 2306 线第一套、第二套保护装置	零序过流保护 Ⅱ 段动作，距离保护 Ⅱ 段动作；最大零序电流：6.57A；测距：31.285km；相别：C 相	镇乐 2306 线乐新变电站侧 C 相断路器
12364	乐新变电站	镇乐 2306 线第一套第二套保护装置	重合闸动作	镇乐 2306 线乐新变电站侧 C 相断路器
12375	乐新变电站	镇新 2305 第一套、第二套保护装置	重合闸动作	镇新 2305 线乐新变电站侧 C 相断路器
12438	乐新变电站	镇乐 2306 线第一套第二套保护装置	距离加速动作 零序加速动作	镇乐 2306 线乐新变电站侧 C 相断路器
12440	乐新变电站	镇新 2305 第一套、第二套保护装置	距离加速动作 零序加速动作	镇新 2305 线乐新变电站侧 C 相断路器

（四）故障分析

根据系统母线电压及镇新 2305 线、镇乐 2306 线电流录波信息，如图 4-58、图 4-59 所示，可对故障类型进行判断。

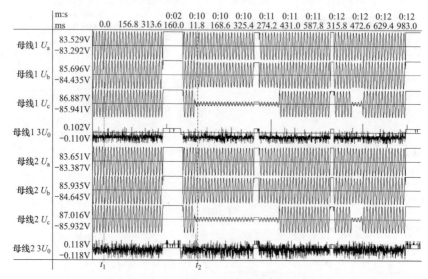

图 4-58　镇北变电站母线电压录波

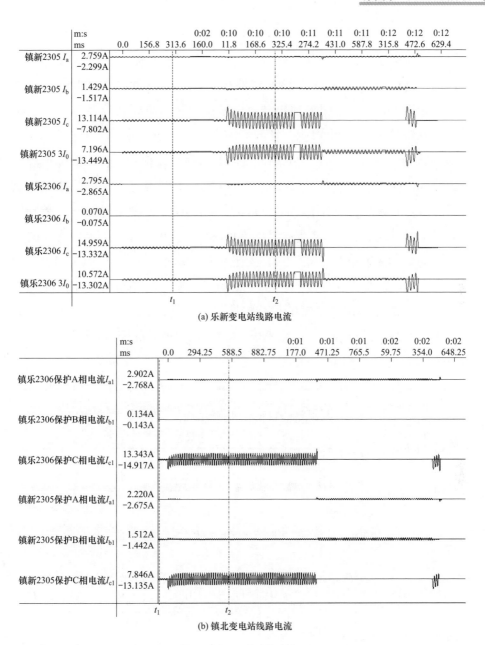

图 4-59 镇新 2305、镇乐 2306 线电流录波

故障发生后，镇北变电站 220kV 母线 C 相电压降低、系统 C 相电流增大，初步判断故障类型为 C 相单相接地故障。

根据整理的保护动作时序分析，0s 时保护启动，10s 时故障发生、保护动作。故障发生后，主保护未第一时间动作，直至乐新变电站镇新 2305 线路保护及乐新变电站镇乐 2306 线路保护接地距离及零序过电流 Ⅱ 段动作，测距 30km 左右，保护动作结束。根据测距结果判断故障位于靠近镇北变电站镇乐 2306 线出口侧，发生 C 相金属性接地故障，应动未动的主保护应为镇乐 2306 线差动保护或镇北变电站母线差动保护。使用故障录波器计算故障发生时镇北变电站母线差动电流如图 4-60 所示，可以看出理论上此时母线差动保护应该动作，而实际却并未正确动作，初步推断母线差动保护应异常退出或闭锁。检查保护装置启动时镇北变电站母线差动电流如图 4-61 所示，C 相大差电流（0.775A）大于 TA 断线闭锁定值 I_{DX}（0.5），导致故障发生时，镇北变电站 220kV 母线保护被闭锁，进一步确定此时发生镇北变电站镇乐 2306 线出口处发生 C 相接地故障。镇北变电站母线电压 C 相有约 10V 的残压，故可确认未发生镇乐 2306 线出口处 C 相经高阻接地故障。

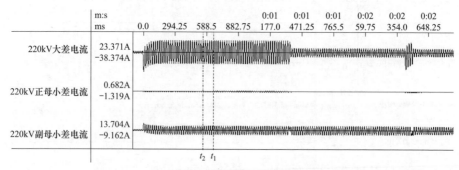

图 4-60　故障发生时镇北变电站母线差动电流录波

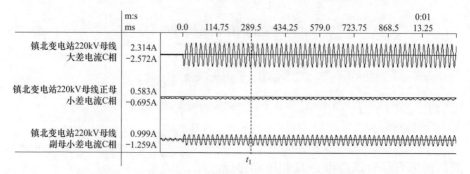

图 4-61　保护刚启动时镇北变电站母线差动电流录波

至此保护动作结束，故障点被隔离。

（五）故障总结

1. 一次故障点

0ms时，镇北变电站镇乐2306线出口处C相发生经高阻接地故障，10s后发展成金属性接地故障。

2. 知识点

（1）中性点接地系统单相接地故障特征：故障相电压降低、电流增大；

（2）母线保护支路TA断线逻辑：大差电流大于TA断线闭锁定值I_{DX}，延时5s发TA断线报警信号；

（3）线路保护距离Ⅱ段及零序Ⅱ段的保护范围：线路全长及延伸到相邻线路。

案例12：镇北变电站220kV Ⅰ母A相接地——母联TA接反

（一）事故前运行状态

仿真系统事故前运行状态如图4-62所示。乐新变电站220kV双母运行，镇新2305线、1号主变压器、1号电源运行在Ⅰ母上，镇乐2306线、2号主变压器、2号电源运行在Ⅱ母上，220kV母联断路器运行；110kV单母分段运行，1号主变压器110kV断路器运行在Ⅰ母，2号主变压器110kV断路器运行在Ⅱ母，110kV分段断路器运行；35kV单母分段运行，1号主变压器35kV断路器运行在Ⅰ母，2号主变压器35kV断路器运行在Ⅱ母，35kV分段断路器运行；1号主变压器220kV及110kV中性点接地运行，2号主变压器中性点不接地运行。

镇北变电站220kV双母运行，镇新2305线、1号主变压器运行在Ⅰ母上，镇乐2306线运行在Ⅱ母，220kV母联断路器运行；110kV母线接有一小电源；1号主变压器220kV及110kV中性点接地运行。

本系统除220kV线路保护为双重化配置外，其余保护均单套配置。110、35kV母线未配置母线保护。

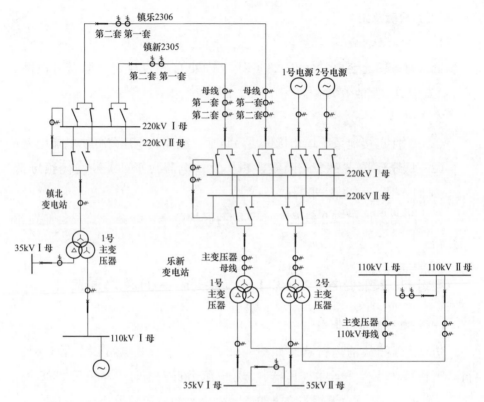

图 4-62　仿真系统事故前运行状态

（二）事故后运行状态

仿真系统事故后运行状态如图 4-63 所示。

断路器变位情况：镇北变电站镇新 2305 断路器分位、镇乐 2306 断路器分位、220kV 母联断路器分位、主变压器 220kV 断路器分位；乐新变电站镇新 2305 断路器分位、镇乐 2306 断路器分位。

（三）事故信息采集

1. 故障发生时刻

2022-08-23　14:59:15.434。

2. 保护动作时序整理

该案例保护动作时序经整理后如表 4-12 所示。

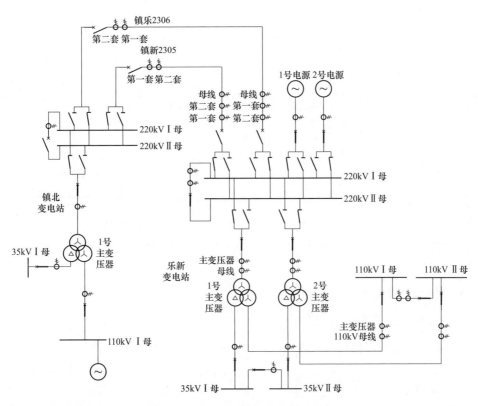

图 4-63 仿真系统事故后运行状态

表 4-12   保护及断路器动作时序

时刻 （ms）	变电站	保护装置	事件	跳/合闸对象
0	—	—	故障发生	—
3	镇北变电站	220kV 母线保护	差动保护跳Ⅰ母、跳Ⅱ母； 最大差电流：16.47A	镇北变电站镇新 2305 断路器、镇北变电站镇乐 2306 断路器、镇北变电站 220kV 母联断路器、镇北变电站主变压器 220kV 断路器
12	镇北变电站	镇乐 2306 第一套保护装置	远方跳闸开入	—
23	镇北变电站	镇新 2305 第一套保护装置	远方跳闸开入	—

时刻 (ms)	变电站	保护装置	事件	跳/合闸对象
33	乐新变电站	镇新 2305 第一套、第二套保护装置	远方跳闸动作； 三相跳闸，闭锁重合闸； 测距：31.38km； 相别：A 相	乐新变电站镇新 2305 三相断路器
42	乐新变电站	镇乐 2306 第一套保护装置	远方跳闸动作； 三相跳闸，闭锁重合闸； 测距：31.404km； 相别：A 相	乐新变电站镇乐 2306 三相断路器

（四）故障分析

根据镇北变电站母线电压及支路电流录波信息，如图 4-64、图 4-65 所示，可对故障类型进行判断。

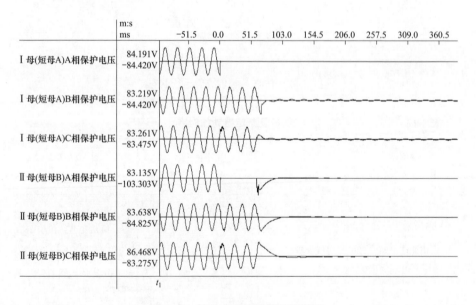

图 4-64　镇北变电站母线电压录波

故障发生后，镇北变电站 220kV 母线 A 相电压降低、系统 A 相电流增大，初步判断故障类型为 A 相单相接地故障。

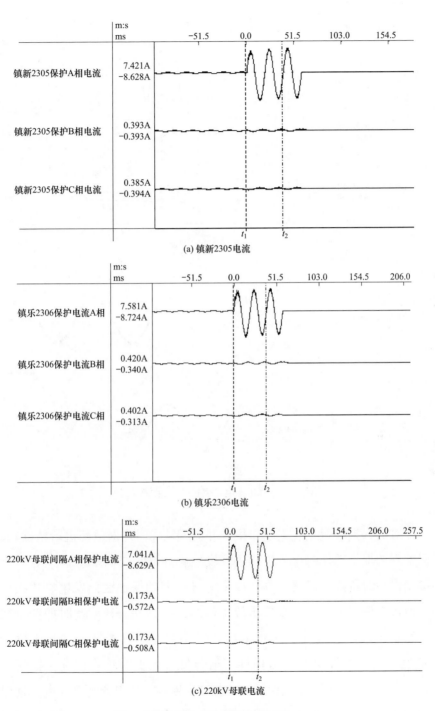

图 4-65 镇北变电站支路电流录波（一）

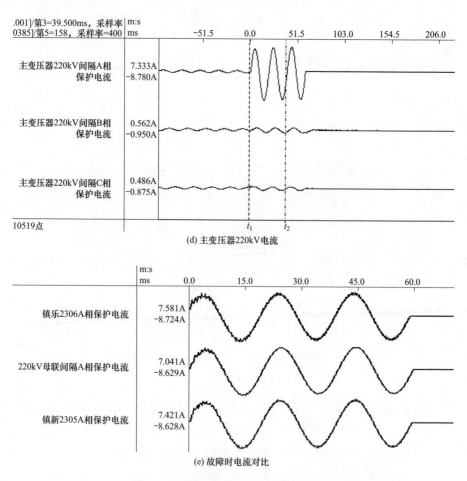

图 4-65　镇北变电站支路电流录波（二）

　　在对应保护装置上收集动作报告并梳理动作时序对故障进行精确定位。根据整理的保护动作时序分析，故障发生后，镇北变电站 220kV 母线差动保护动作同时跳两条母线，判断故障为母线差动保护区内发生单相接地故障。但正常情况下应由小差选出故障母线进行切除，怀疑此时两条母线处于互联状态。经检查互联压板退出，但装置显示 TA 断线，对比故障时2305 线、2306 线及母联电流极性，结合母线保护的动作情况，推断母联TA 二次线接反，导致母线保护装置报 TA 断线，判断母联 TA 断线使母线自动切换至单母模式，因此一旦母线差动区内发生故障，保护动作同时切除两条母线。母线差动保护动作跳开其上所有支路，对于镇新 2305 线支路及镇乐 2306 线支路，母线差动保护动作开入保护装置远跳对侧断路器。根据测距结果，乐新变电站镇新 2305 线保护装置测距 31.38km、乐新变电站镇乐 2306 线保护装置测距 31.404km，故障点更靠近正母，最终确定故障为镇北变电站 220kV 正母发生 A 相金属接地故障。

至此保护动作结束，故障点被隔离。

（五）故障总结

1. 一次故障点

镇北变电站 220kV 正母 A 相永久性金属接地故障。

2. 二次缺陷

母联 TA 二次线接反。

3. 知识点

（1）母线保护母联 TA 断线逻辑：大差电流小于 TA 断线闭锁定值 I_{DX}，两个小差电流均大于 I_{DX} 时，延时 5s 报母联 TA 断线；如果仅母联 TA 断线不闭锁母线差动保护，但此时自动切到单母方式，发生区内故障时不再进行故障母线的选择。

（2）母线保护动作跳线路支路逻辑：远跳对侧线路断路器。

（3）中性点接地系统单相接地故障特征：故障相电压降低、电流增大。

案例 13：乐新变电站 220kV 母联死区 A 接地——母线保护母联 TWJ 接错

（一）事故前运行状态

仿真系统事故前运行状态如图 4-66 所示。乐新变电站 220kV 双母运行，镇新 2305 线、1 号主变压器、1 号电源运行在 I 母上，镇乐 2306 线、2 号主变压器、2 号电源运行在 II 母上，220kV 母联断路器运行；110kV 单母分段运行，1 号主变压器 110kV 断路器运行在 I 母，2 号主变压器 110kV 断路器运行在 II 母，110kV 分段断路器运行；35kV 单母分段运行，1 号主变压器 35kV 断路器运行在 I 母，2 号主变压器 35kV 断路器运行在 II 母，35kV 分段断路器运行；1 号主变压器 220kV 及 110kV 中性点接地运行，2 号主变压器中性点不接地运行。

镇北变电站 220kV 双母运行，镇新 2305 线、1 号主变压器运行在 Ⅰ 母上，镇乐 2306 线运行在 Ⅱ 母，220kV 母联断路器运行；110kV 母线接有一小电源；1 号主变压器 220kV 及 110kV 中性点接地运行。

本系统除 220kV 线路保护为双重化配置外，其余保护均单套配置。110、35kV 母线未配置母线保护。

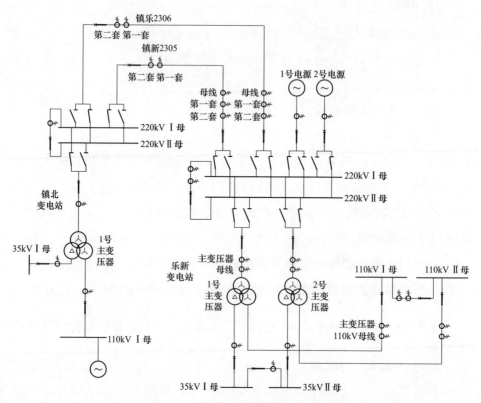

图 4-66　仿真系统事故前运行状态

（二）事故后运行状态

仿真系统事故后运行状态如图 4-67 所示。

断路器变位情况：镇新 2305 线两侧断路器分位、镇乐 2306 线两侧断路器分位、乐新变电站 2301 断路器分位、乐新变电站 2302 断路器分位、乐新变电站 220kV 母联断路器分位、乐新变电站 1 号主变压器 220kV 断路器分位、乐新变电站 2 号主变压器 220kV 断路器分位。

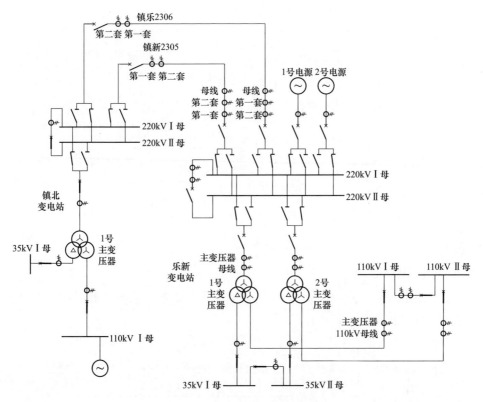

图 4-67 仿真系统事故后运行状态

(三) 事故信息采集

1. 故障发生时刻

2022-08-23 14:59:15.434。

2. 保护动作时序整理

该案例保护动作时序经整理后如表 4-13 所示。

表 4-13 保护及断路器动作时序

时刻 (ms)	变电站	保护装置	事件	跳/合闸对象
0	—	—	保护启动	—

续表

时刻 （ms）	变电站	保护装置	事件	跳/合闸对象
5	乐新变电站	220kV 母线保护	差动保护跳Ⅰ母； 差动保护跳Ⅱ母； 母联死区； 相别：A相	乐新变电站镇新 2305 断路器、乐新变电站镇乐 2306 断路器、乐新变电站 2301 开、乐新变电站 2302 断路器、乐新变电站 220kV 母联断路器、乐新变电站 1 号主变压器 220kV 断路器、乐新变电站 2 号主变压器 220kV 断路器
27	镇北变电站	镇新 2305 第一套、第二套保护	远方跳闸动作； 三相跳闸闭锁重合闸； 相别：A相	镇北变电站镇新 2305 三相断路器
46	镇北变电站	镇乐 2306 第一套、第二套保护	远跳保护动作； 保护永跳出口； 停用重合闸； 相别：A相	镇北变电站镇乐 2306 三相断路器

（四）故障分析

根据乐新变电站母线电压及支路电流录波信息，如图 4-68、图 4-69 所示，可对故障类型进行判断。

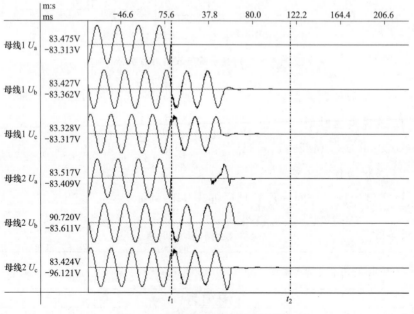

图 4-68　乐新变电站母线电压录波

故障发生后，乐新变电站 220kV 母线 A 相电压降低、系统 A 相电流增大，初步判断故障类型为 A 相单相接地故障。

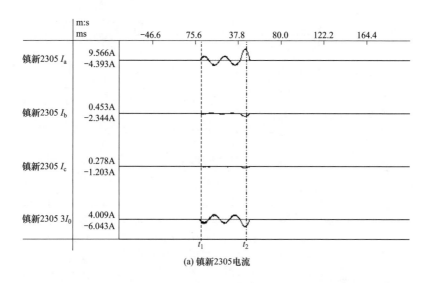

(a) 镇新2305电流

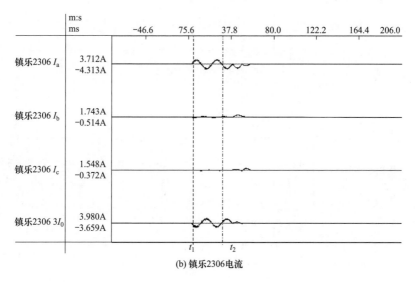

(b) 镇乐2306电流

图 4-69　乐新变电站支路电流录波（一）

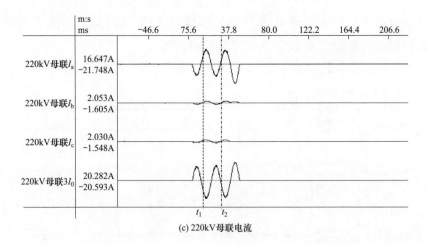

(c) 220kV母联电流

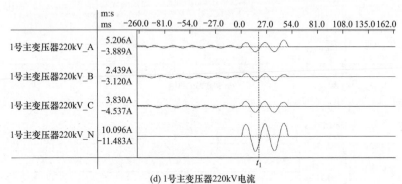

(d) 1号主变压器220kV电流

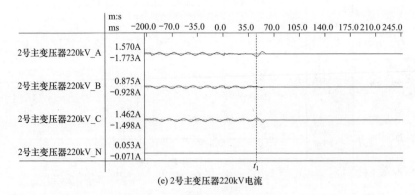

(e) 2号主变压器220kV电流

图 4-69　乐新变电站支路电流录波（二）

　　根据整理的保护动作时序分析，故障发生后，乐新变电站 220kV 母线差动保护动作同时跳两条母线，定位故障为母联死区，初步判断故障为乐新变电站 220kV 母联死区发生 A 相永久性接地故障。但正常情况下此时为合位死区的运行条件，应该先跳开Ⅰ母，经过 150ms 封母联 TA 再跳开Ⅱ母，实际两条母线却是同时跳开。为判断是否存在其他外部闭锁或者互联开入，检查母线保护装置开入量，发现处于分位的母联断路器 TWJ 开入为 0，检查图纸和断路器发现母联断路器位置辅助触点接反如图 4-70 所示，原本应接 3-4D9 和 3-4D10，实际错接成 3-4D7 和 3-4D8，导致母线保护退出母联电流计算。

3-4D节点输出回路				
	1	3-X4-5	断路器辅助触点(动合)	大容量(交流250V, 5A)
	2	3-X4-6		
	3	3-X4-9	断路器辅助触点(动合)	
	4	3-X4-10		
	5	3-X4-11	断路器辅助触点(动断)	
	6	3-X4-12		
	7	3-X4-17	断路器辅助触点(动合)	小容量(直流30V, 52A)
	8	3-X4-18		
	9	3-X4-19	断路器辅助触点(动断)	
	10	3-X4-20		
	11	3-X4-21	断路器辅助触点(动断)	
	12	3-X4-22		

图 4-70　母联断路器辅助触点

因此，母线差动保护动作跳开其上所有支路，对于镇新 2305 线支路及镇乐 2306 线支路，母线差动保护动作开入保护装置远跳对侧断路器。至此保护动作结束，故障点被隔离。

（五）故障总结

1. 一次故障点

乐新 220kV 母联死区 A 相永久性金属接地故障。

2. 二次缺陷

母联断路器位置辅助触点接入错误。

3. 知识点

（1）母线保护母联死区保护逻辑：母联合位死区逻辑如图 4-71 所示，当两母线都处运行状态且母联在跳位时，母联电流不计入小差。

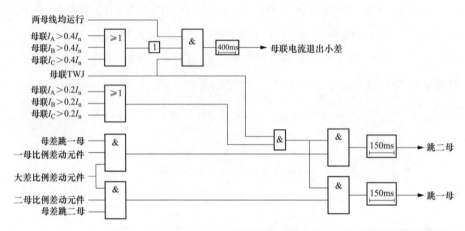

图 4-71　母联合位死区逻辑图

（2）母线保护动作跳线路支路逻辑：远跳对侧线路断路器。

（3）中性点接地系统单相接地故障特征：故障相电压降低、电流增大。

案例 14：镇北变电站 220kV 母联断线接地

（一）事故前运行状态

仿真系统事故前运行状态如图 4-72 所示。乐新变电站 220kV 双母分列运行，镇新 2305 线、1 号主变压器、1 号电源运行在 I 母上，镇乐 2306 线、2 号主变压器、2 号电源运行在 II 母上，220kV 母联断路器运行；110kV 单母分段分列运行，1 号主变压器 110kV 断路器运行在 I 母，2 号主变压器 110kV 断路器运行在 II 母，110kV 分段断路器运行；35kV 单母分段分列运行，1 号主变压器 35kV 断路器运行在 I 母，2 号主变压器 35kV 断路器运行在 II 母，35kV 分段断路器运行；1 号主变压器 220kV 及 110kV 中性点接地运行，2 号主变压器中性点不接地运行。

镇北变电站 220kV 双母并列运行，镇新 2305 线、1 号主变压器运行在 I 母上，镇乐 2306 线运行在 II 母，220kV 母联断路器运行；110kV 母线接有一小电源；1 号主变压器 220kV 及 110kV 中性点接地运行。

本系统除 220kV 线路保护为双重化配置外，其余保护均单套配置。110、35kV 母线未配置母线保护。

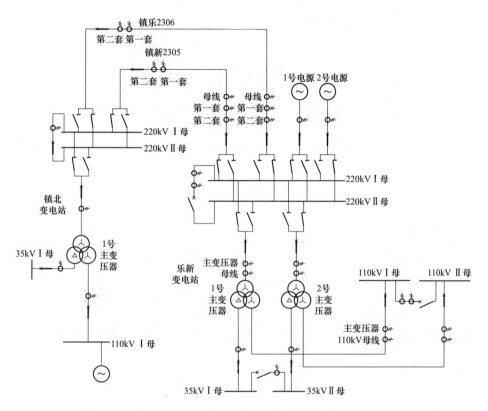

图 4-72 仿真系统事故前运行状态

（二）事故后运行状态

仿真系统事故后运行状态如图 4-73 所示。

断路器变位情况：镇乐 2306 线两侧断路器分位。

（三）事故信息采集

1. 故障发生时刻

2022-08-19　08:34:42.220。

2. 保护动作时序整理

该案例保护动作时序经整理后如表4-14所示。

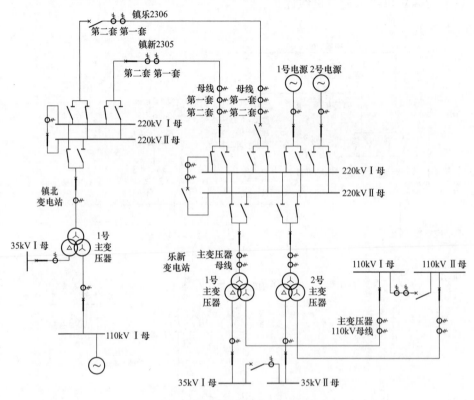

图 4-73　仿真系统事故后运行状态

表 4-14　　　　　　　　　　　　保护及断路器动作时序

时刻 (ms)	变电站	保护装置	事件	跳/合闸对象
0	—	—	保护启动	—
6	镇北变电站	220kV 母线保护装置	差动跳母联断路器	镇北变电站 220kV 母联断路器
200	镇北变电站	220kV 母线保护装置	母联失灵跳母线；失灵跳 II 母	镇乐 2306 线镇北变电站侧断路器、镇北变电站 220kV 母联断路器
217	镇北变电站	镇乐 2306 线第一套、第二套线路保护装置	远方跳闸［合］	—

120

续表

时刻 (ms)	变电站	保护装置	事件	跳/合闸对象
226	乐新变电站	镇乐 2306 线第一套、第二套线路保护装置	远跳保护动作；保护永跳出口	镇乐 2306 线乐新变电站侧断路器

（四）故障分析

根据镇北变电站母线电压及支路电流录波信息，如图 4-74 和图 4-75 所示，可对故障类型进行判断。

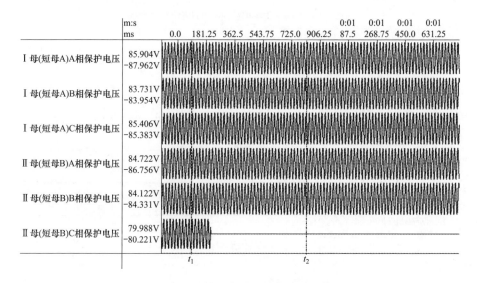

图 4-74　镇北变电站母线电压录波

故障发生后，镇北变电站 220kV 副母 C 相电压降低，且只有副母支路有 C 相故障电流，故判断 220kV 副母上存在 C 相接地故障。因 220kV 正母电压未明显降低，除 220kV 母联支路外，其他各支路无故障电流，且故障前 220kV 母联断路器合位运行，由此判断母联间隔存在断线使得 220kV 正、副母未连接。由图 4-75 可以看出，在录波开始前，母联 TA 有负荷电流流过，在录波开始的时刻，母联电流突降为 0，因此怀疑在 220kV 母联间隔内发生 C 相断线故障。

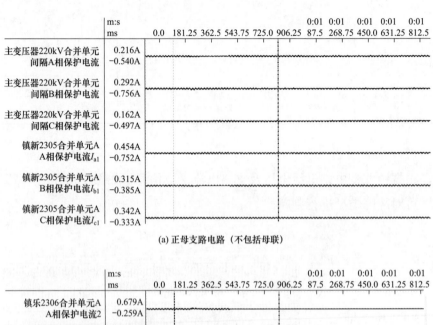

(a) 正母支路电路（不包括母联）

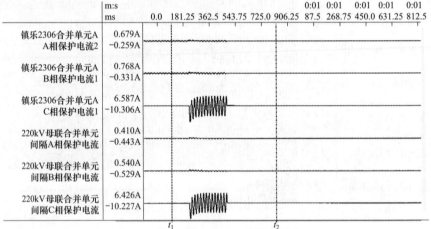

(b) 副母支路电流（包括母联）

图 4-75 镇北变电站支路电流录波

在对应保护装置上收集动作报告，梳理动作时序，对故障进行精确定位，并根据整理的保护动作时序分析。由报文可知，C 相接地故障发生后，镇北变电站 220kV 母线差动保护跳母联动作，查阅说明书可知，只有在 220kV 母线保护大差动作、小差不动作时，差动保护才只跳母联断路器。进一步分析波形可知，故障发生时镇北变电站 220kV 正母存在差流小差开放，但正母电压仍为正常电压；副母 C 相电压降低复压开放，但副母无小差，故镇北变电站 220kV 母线保护母线差动动作跳 220kV 母联断路器。由该动作行为，结合上述断线的故障情况可以得出，只有当故障为 220kV 母联支路靠近正母侧发生断线故障，同时在断口的副母侧发生 C 相接地故障时才可能出现上述波形。故由此确定镇北变电站 220kV 母联 TA 至正母侧发生 C 相断线，500ms 后断口副母侧发生 C 相接地永久性故障。

但此时 220kV 母联断路器未跳开，怀疑存在缺陷，检查发现 220kV 母联断路器智能组件柜断路器控制电源断开，导致 220kV 母联断路器拒动。由此母联失灵保护动作跳开复压闭锁元件开放的 220kV 副母，跳开镇乐 2306 线镇北变电站侧断路器，同时将远跳信号开入镇乐 2306 线镇北变电站侧第一套、第二套线路保护装置，镇乐 2306 线镇北变电站侧线路保护装置通过光纤将远跳信号传给镇乐 2306 线乐新变电站侧线路保护装置，跳开镇乐 2306 线乐新变电站侧断路器。

至此保护动作结束，故障被隔离。

（五）故障总结

1. 一次故障点

0ms 时，镇北变电站 220kV 母联 TA 至正母侧发生 C 相断线，500ms 后断口副母侧发生 C 相接地永久性故障。

2. 二次缺陷

220kV 母联断路器智能组件柜断路器控制电源断开。

3. 知识点

（1）母线差动保护逻辑：一条母线小差开放、另一条母线复压开放，母线差动保护跳母联；

（2）母线失灵保护逻辑：母联失灵跳复压开放母线；

（3）母线保护跳线路支路同时向保护装置发送远跳命令；

（4）线路保护逻辑：其他保护动作永跳。

第四节 复杂故障案例分析

案例 15：线路 A 相永久性断线加接地

（一）事故前运行状态

仿真系统事故前运行状态图 4-76 所示。乐新变电站 220kV 双母运行，镇新 2305 线、1 号主变压器、1 号电源运行在 Ⅰ 母上，镇乐 2306 线、2 号主变压器、2 号电源运行在 Ⅱ 母上，220kV 母联断路器合位；110kV 单母分段运行，1 号主变压器 110kV 断路器运行在 Ⅰ 母，2 号主变压器 110kV 断路器运行在 Ⅱ 母，110kV 分段断路器运行；35kV 单母分段运行，1 号主变压器 35kV 断路器运行在 Ⅰ 母，2 号主变压器 35kV 断路器运行在 Ⅱ 母，35kV 分段断路器运行；1 号主变压器 220kV 及 110kV 中性点接地运行，2 号主变压器中性点不接地运行。

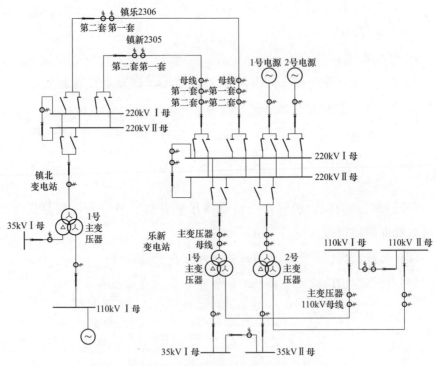

图 4-76 仿真系统事故前运行状态

镇北变电站 220kV 双母运行，镇新 2305 线、1 号主变压器运行在 I 母上，镇乐 2306 线运行在 II 母，220kV 母联断路器运行；110kV 母线接有一小电源；1 号主变压器 220kV 及 110kV 中性点接地运行。

本系统除 220kV 线路保护为双重化配置外，其余保护均单套配置。110、35kV 母线未配置母线保护。

（二）事故后运行状态

仿真系统事故后运行状态如图 4-77 所示。

断路器变位情况：镇乐 2306 线、镇新 2305 线两侧断路器分位，镇北变电站母联断路器分位，镇北变电站主变压器三侧断路器分位。

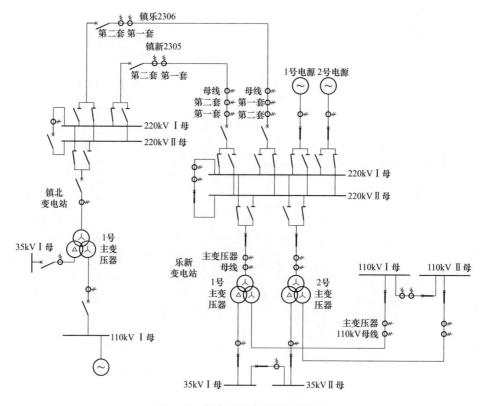

图 4-77　仿真系统事故后运行状态

（三）事故信息采集

1. 故障发生时刻

2022-05-27　21：38：32.455。

2. 保护动作时序整理

该案例保护动作时序经整理后如表 4-15 所示。

表 4-15　　　　　　　　　　保护及断路器动作时序

时刻 (ms)	变电站	保护装置	事件	跳/合闸对象
0	—	—	保护启动	—
8	镇北变电站	镇新 2305 线第二套保护	差动保护动作	镇北变电站镇新 2305 线 A 相断路器
9	乐新变电站	镇新 2305 线第二套保护	差动保护动作； 测距：30km； 相别：A 相	乐新变电站镇新 2305 线 A 相断路器
13	乐新变电站	镇乐 2306 第二套保护	差动保护动作； 相别：A 相	乐新变电站镇乐 2306 线 A 相断路器
16	乐新变电站	镇乐 2306 第二套保护	差动保护动作； 测距：29.5km； 相别：A、B、C 相	乐新变电站镇乐 2306 线三相断路器
20	镇北变电站	镇乐 2306 第二套保护	差动保护动作； 测距：23.20km； 相别：ABC	镇北变电站镇乐 2306 线三相断路器
21	镇北变电站	镇新 2305 线第一套保护	接地距离 I 段保护动作； 测距：0.1953km； 相别：A 相	镇北变电站镇新 2305 线 A 相断路器
64	乐新变电站	镇新 2305 线第一套保护	偷跳启动重合闸	
1063	乐新变电站	镇新 2305 线第一套、第二套保护	重合闸动作	乐新变电站镇新 2305 线 A 相断路器
1088	镇北变电站	镇新 2305 线第一套、第二套保护	重合闸动作	镇北变电站镇新 2305 线 A 相断路器
1125	乐新变电站	镇新 2305 线第二套保护	差动保护动作	乐新变电站镇新 2305 线三相断路器
1130	镇北变电站	镇新 2305 线第一套	距离、零序后加速保护动作	镇北变电站镇新 2305 线三相断路器

时刻(ms)	变电站	保护装置	事件	跳/合闸对象
1179	镇北变电站	镇新 2305 线第二套	差动保护动作，距离、零序后加速保护动作	镇北变电站镇新 2305 线三相断路器
1330	镇北变电站	220kV 母线保护	失灵跳母联断路器	镇北变电站 220kV 母联断路器
1530	镇北变电站	220kV 母线保护	失灵跳 I 母	镇北变电站镇新 2305 线断路器、镇北变电站主变压器 220kV 断路器
5009	镇北变电站	变压器保护	高压侧零序过电流保护动作；跳高压侧断路器；跳中压侧断路器；跳低压侧断路器	镇北变电站主变压器三侧断路器

（四）故障分析

收集现场保护动作、故障录波信息，根据时序整理结果，可以进一步分析故障类型、各保护动作逻辑与一、二次缺陷。

根据母线电压及支路电流录波信息，如图 4-78 所示，可对故障类型进行判断。

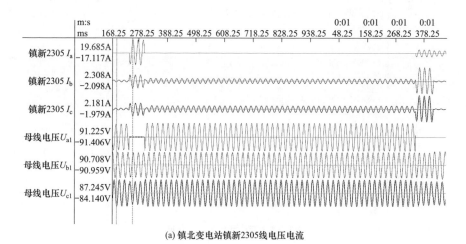

(a) 镇北变电站镇新2305线电压电流

图 4-78　故障时线路电压电流录波（一）

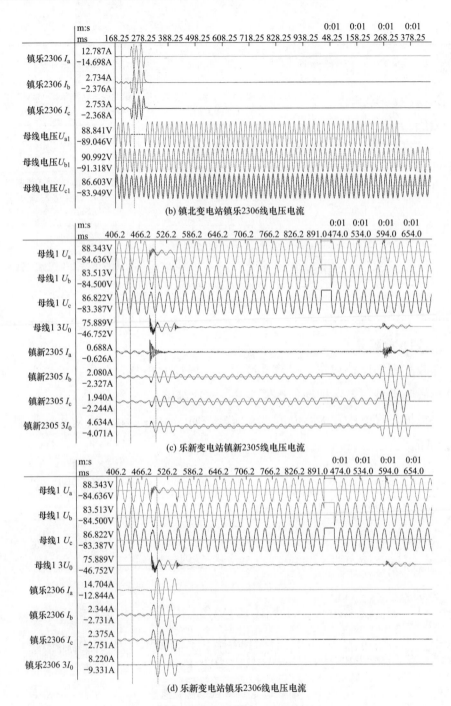

(b) 镇北变电站镇乐2306线电压电流

(c) 乐新变电站镇新2305线电压电流

(d) 乐新变电站镇乐2306线电压电流

图 4-78　故障时线路电压电流录波（二）

故障发生后，两侧故障录波器启动时间不一致，这里用绝对时间作为统一标准。故障发生后，220kV 母线 A 相电压下降，且存在零序电压，结合 A 相出现故障电流，判断是 A 相故障。其中，镇北变电站电压几乎降低为零，乐新变电站电压为 30V 左右，判断故障发生在镇北变电站母线附近。

以图 4-78 所有波形图的第二根标尺为统一时间点，2306 线两侧电流等大、反相，呈现穿越性电流特征，2305 线镇北侧有故障电流，乐新变电站侧无电流。以图 4-78 所有波形图的第一根标尺为统一时间点，在负荷电流下，2306 线 A 相无负荷电流，2305 线 A 相负荷电流几乎为 B、C 两相两倍，判断故障前 2305 线发生 A 相断线，因此负荷转移到 2306 线。结合故障电流出现在镇北变电站侧，故障点为镇北变电站 2305 线出口处发生断线后母线侧金属性接地。

结合保护动作时序，镇新 2305 镇北变电站侧第一套差动保护未动作，接地距离保护 I 段动作，两条线路两侧保护装置均只有一套保护动作，镇新 2305 线第二套差动保护动作，接地距离保护 I 段不动作，判断均存在缺陷。首先分析镇新 2305 线动作情况，镇新 2305 线第一套保护装置差动保护未动、镇北变电站侧接地距离保护 I 段仍能正常动作，判断第一套保护装置差动功能存在问题，可能是功能未投，也可能是通道异常，检查发现镇新 2305 第一套保护识别码错误，乐新变电站侧本侧识别码 23051、对侧识别码 23052，镇北变电站侧本侧识别码 23053、对侧识别码 23051，导致差动保护拒动；镇北变电站镇新 2305 线第二套保护装置接地距离保护 I 段未动作，首先怀疑功能未投入，检查发现控制字未投，导致接地距离保护 I 段未动作。

镇乐 2306 线，两侧第一套保护不动作，第二套保护差动动作，故障电流特征为穿越性电流，判断第二套保护误动。镇北变电站侧第二套保护录波如图 4-79 所示，故障前三相均存在差流，与故障录波器录波结果对比，镇北变电站侧三相电流都为乐新变侧的 5.6 倍左右，故障录波器正确，保护录波错误，不可能由电流互感器抽头错误导致，因此判断镇北变电站侧电流变比整定错误，经检查发现变比由 1200/1 误整定为 200/1。

需声明的是，镇北变电站侧为智能变电站，六统一后的保护合并单元采样传输给保护，以及光纤通道传输至对侧应是电流一次值，修改智能变电站侧变比不应影响差动保护。然而，本书案例使用的仿真站保护型号较早，镇北变电站侧保护中的对侧电流通道二次值未变大，且定值中存在 TA 变比系数，猜测该保护传输的为二次值，因此智能变电站侧修改变比影响差动保护。

另外，修改了变比后，2306 流过的电流仍然是穿越性电流，需考虑制动系数问题。一般来说线路保护的制动系数取 0.6，当镇北变电站侧变比变为 1/6 时，相当于电流扩大了 6 倍，差流为 5 份，制动电流为 7 份，制动系数大于 0.6，满足比率差动动作条件。

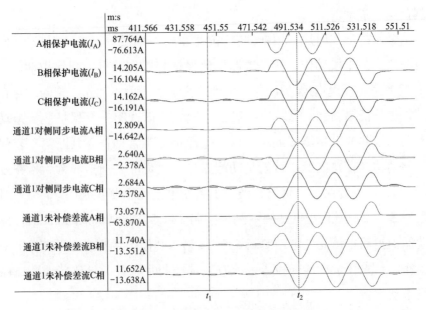

图 4-79　2306 线第二套保护录波

综上所述，2306 线由于镇北变电站侧电流变比整定错误，在区外故障时，三相差流满足动作定值，且大于制动系数，故两侧保护三相跳闸。

1000ms，2305 线两侧重合闸动作，乐新变电站侧无故障电流，零序、距离后加速不动作。镇北变电站侧第一套保护差动退出，零序、距离后加速保护动作，第二套保护差动，零序、距离后加速保护动作。

如图 4-80 所示，镇北变电站侧断路器后加速断开后，A 相故障电流未消失，判断为断路器拉开后灭弧失败、断路器击穿所致。故障未切除，满足母线失灵保护动作条件。

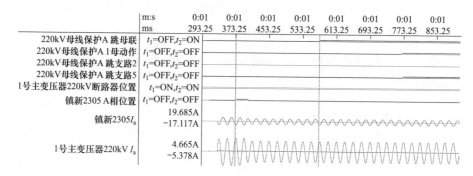

图 4-80　母线失灵保护动作时相关断路器量及采样量

失灵保护动作 1 时限跳母联、2 时限跳 I 母。跳完 I 母后 1 号主变压器高压侧及 2305 线故障电流仍然存在，母线跳支路 2 出口未变位，且断路器位置仍为合位，判断为母线差动跳主变压器支路出口软压板退出，导致故障未隔离。此时镇北变电站 110kV 侧电源通过 1 号主变压器向故障点提供，最后故障由不带方向的高零序过电流动作切除三侧，从而故障隔离。

（五）故障总结

1. 一次故障点

镇北变电站镇新 2305 线出口处发生 A 相断线，500ms 后断口母线侧永久金属性接地故障。

2. 一次缺陷

镇北变电站镇新 2305 线 A 相断路器重合闸时被击穿。

3. 二次缺陷

（1）镇新 2305 第一套识别码错误，乐新变电站侧本侧识别码 23051、对侧识别码 23052，镇北变电站侧本侧识别码 23053、对侧识别码 23051；

（2）镇北变电站镇新 2305 线第二套保护装置接地距离 I 段控制字未投；

（3）镇北 2306 第二套 TA 变比由 1200/5 改为 200/5；

（4）镇北 220kV 母线保护中跳主变压器 GOOSE 发送软压板退出。

4．知识点

（1）中性点直接接地系统单相接地故障特征：故障相电压降低、电流增大；

（2）双回线单相断线时负荷电流特征，以及一端接地时故障电流特征；

（3）修改保护电流变比对差动保护的影响以及制动系数的计算；

（4）主变压器后备保护的方向性问题。

案例 16：乐新变电站 Ⅱ 母 B 相接地——2305 和 2306 在乐新变电站出口处搭接

（一）事故前运行状态

仿真系统事故前运行状态如图 4-81 所示。乐新变电站 220kV 双母运行，镇新 2305 线、1 号主变压器、1 号电源运行在 Ⅰ 母上，镇乐 2306 线、2 号主变压器、2 号电源运行在 Ⅱ 母上，220kV 母联断路器合位；110kV 单

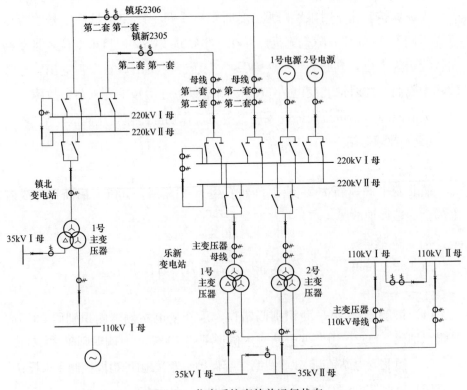

图 4-81　仿真系统事故前运行状态

母分段运行，1号主变压器 110kV 断路器运行在Ⅰ母，2号主变压器 110kV 断路器运行在Ⅱ母，110kV 分段断路器运行；35kV 单母分段运行，1号主变压器 35kV 断路器运行在Ⅰ母，2号主变压器 35kV 断路器运行在Ⅱ母，35kV 分段断路器运行；1号主变压器 220kV 及 110kV 中性点接地运行，2号主变压器中性点不接地运行。

镇北变电站 220kV 双母运行，镇新 2305 线、1号主变压器运行在Ⅰ母上，镇乐 2306 线运行在Ⅱ母，220kV 母联断路器运行；110kV 母线接有一小电源；1号主变压器 220kV 及 110kV 中性点接地运行。

本系统除 220kV 线路保护为双重化配置外，其余保护均单套配置。110、35kV 母线未配置母线保护。

（二）事故后运行状态

仿真系统事故后运行状态如图 4-82 所示。

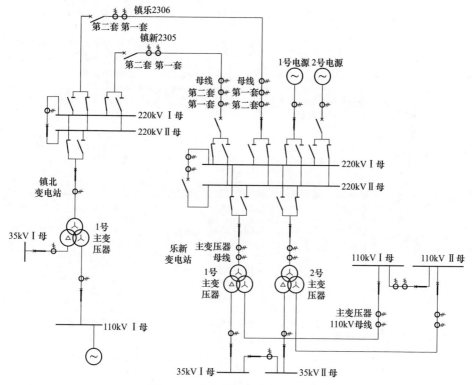

图 4-82 仿真系统事故后运行状态

断路器变位情况：镇新 2305 线两侧断路器分位，镇北变电站镇乐 2306 线断路器分位，乐新变电站 220kV 母联断路器分位，乐新变电站 2301 断路器分位。

（三）事故信息采集

1. 故障发生时刻

2022-05-31 10：08：49.705。

2. 保护动作时序整理

该案例保护动作时序经整理后如表 4-16 所示。

表 4-16   保护及断路器动作时序

时刻（ms）	变电站	保护装置	事件	跳/合闸对象
0	—	—	保护启动	—
8	乐新变电站	220kV 母线保护	差动保护跳 Ⅱ 母；相别：B 相	乐新变电站镇乐 2306 线三相断路器、乐新变电站 2301 线断路器、乐新变电站 2 号主变压器 220kV 断路器、乐新变电站 220kV 母联断路器
27	镇北变电站	镇乐 2306 第一套、第二套线路保护	远方跳闸动作	镇北变电站镇乐 2306 线三相断路器
211	乐新变电站	镇乐 2306 第一套、第二套线路保护	纵联差动保护动作；保护三跳出口；相别：B 相	乐新变电站镇乐 2306 线三相断路器
216	镇北变电站	镇新 2305 第一套线路保护	纵联差动保护动作；相别：B 相	镇北变电站镇新 2305 线 B 相断路器
219	乐新变电站	镇新 2305 第一套线路保护	纵联差动保护动作；相别：B 相	乐新变电站镇新 2305 线 B 相断路器
225	乐新变电站	镇新 2305 第一套、第二套线路保护	接地距离保护 Ⅰ 段动作；相别：B 相；测距：0.0195km	乐新变电站镇新 2305 线 B 相断路器
361	乐新变电站	镇乐 2306 第一套线路保护	保护三相跳闸失败；保护永跳出口	乐新变电站镇乐 2306 线三相断路器
422	镇北变电站	220kV 母线保护	失灵跳母联断路器	镇北变电站 220kV 母联断路器

续表

时刻 (ms)	变电站	保护装置	事件	跳/合闸对象
435	乐新变电站	220kV 母线保护	B 相失灵跳母联断路器	乐新变电站 220kV 母联断路器
466	镇北变电站	镇新 2305 第一套线路保护	保护单相跳闸失败；三相跳闸闭锁重合闸	镇北变电站镇新 2305 线三相断路器
635	乐新变电站	220kV 母线保护	B 相失灵跳 II 母	乐新变电站镇乐 2306 线三相断路器、乐新变电站 2301 线断路器、乐新变电站 2 号主变压器 220kV 断路器
718	镇北变电站	镇新 2305 第一套线路保护	保护三相跳闸失败	—
1283	乐新变电站	镇新 2305 第一套、第二套线路保护	重合闸动作	乐新变电站镇新 2305 线 B 相断路器
1352	乐新变电站	镇新 2305 第一套、第二套线路保护	距离加速动作	乐新变电站镇新 2305 线三相断路器
1358	乐新变电站	镇新 2305 第一套	纵联差动保护动作，跳 A、B、C 相；相别：B 相	乐新变电站镇新 2305 线三相断路器
1402	乐新变电站	镇新 2305 第一套、第二套线路保护	零序加速动作 跳 ABC 相 相别：B 相	乐新变电站镇新 2305 线三相断路器
1511	镇北变电站	镇新 2305 线第二套线路保护	接地距离保护 II 段动作；测距：30km；相别：B 相	镇北变电站镇新 2305 线 B 相断路器
1605	乐新变电站	镇新 2305 第二套线路保护	跳闸失败	—
1839	乐新变电站	镇新 2305 第二套线路保护	断路器不一致动作	乐新变电站镇新 2305 线三相断路器
2579	镇北变电站	镇新 2305 线第二套线路保护	重合出口	镇北变电站镇新 2305 线 B 相断路器
2641	乐新变电站	镇乐 2306 第一套、第二套线路保护	纵联差动动作相别：B 相	乐新变电站镇乐 2306 线三相断路器
2648	镇北变电站	镇新 2305 第一套线路保护	距离 II 段加速保护动作；距离加速保护动作；三相跳闸闭锁重合闸	镇北变电站镇新 2305 线三相断路器

续表

时刻 (ms)	变电站	保护装置	事件	跳/合闸对象
2656	镇北变电站	镇新 2305 线第二套 线路保护	永跳动作	镇北变电站镇新 2305 线三 相断路器
2668	镇北变电站	镇新 2305 第一套线 路保护	纵联差动保护动作，跳 A、 B、C 相； 相别：B 相	乐新变电站镇新 2305 线三 相断路器
2691	乐新变电站	镇新 2305 第一套线 路保护	纵联差动保护动作，跳 A、 B、C 相； 相别：B 相	乐新变电站镇新 2305 线三 相断路器

（四）故障分析

收集现场保护动作、故障录波信息，根据时序整理结果，可以进一步分析故障类型、各保护动作逻辑与一、二次缺陷。

根据母线电压及支路电流录波信息，如图 4-83 所示，可对故障类型进行判断。

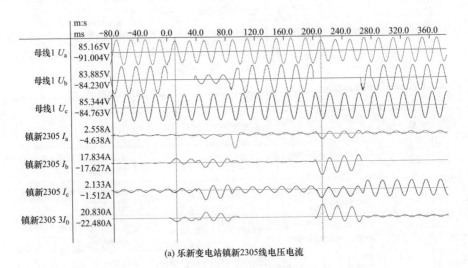

(a) 乐新变电站镇新2305线电压电流

图 4-83　母线电压及支路电流录波（一）

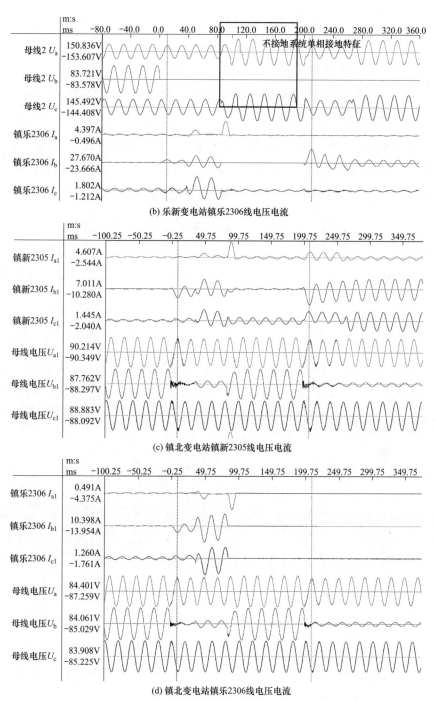

图 4-83　母线电压及支路电流录波（二）

故障发生后，乐新变电站 220kV 母线 B 相电压下降为零，支路 B 相电流显著增大，判断是乐新变电站母线附近 B 相的金属性接地。以图 4-83 所有波形图的第一个标尺为基准，2305、2306 线为穿越性电流，则故障不在线路侧，2305、2306 线的故障电流为流入乐新变电站。如图 4-84 所示，1号主变压器高压侧为零序电流，2 号主变压器高压侧为负荷电流，因此主变压器无故障，故障点定位在母线上。图 4-85 中母联电流，与 2305 线是反相，对于 I 母为穿越性特征，与 2306 线也是反相，由于母联 TA 极性在 I 母侧，对于 II 母为故障电流流入特征，因此故障点定位在 II 母。

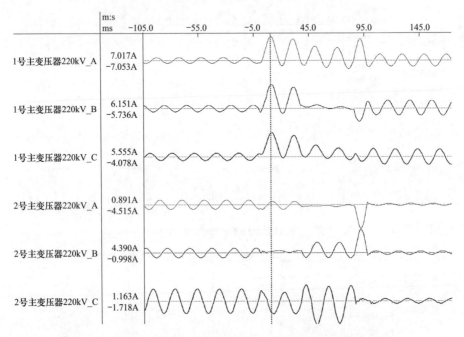

图 4-84　乐新变电站 220kV 主变压器支路电流

乐新变电站 220kV II 母上发生 B 相金属性接地，母线差动保护正确动作，跳开母联，以及 2 号电源，未跳开 2 号主变压器高压侧，以及 2306 线断路器。经检查发现母线差动保护跳 2 号主变压器高压侧硬压板退出。对于 2306 线断路器，考虑到镇北变电站侧接收到远方跳闸，且 2306 线路保护动作仍未跳开断路器，考虑为一次机构拒动。

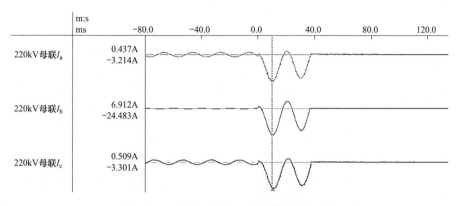

图 4-85　乐新变电站 220kV 母联电流录波

　　乐新变电站母联断路器跳开后，乐新变电站的 1 号电源无法通过母联直接向 Ⅱ 母提供故障电流，故障电流需要通过乐新变电站 Ⅰ 母—2305 线—镇北变电站 Ⅰ 母—镇北变电站母联—2306 线—乐新变电站 Ⅱ 母流入故障点，因此如图 4-86 所示，电流发生了功率倒向。2306 线镇北变电站侧线路保护接收到对侧的远方跳闸，再跳开对应断路器，考虑到通道和保护动作延时，会比乐新变电站侧晚 50ms 左右跳开，所以图 4-86 中的功率倒向在两个周波随着 2306 线镇北变电站侧断路器跳开后结束。2306 线无故障电流，故乐新变电站侧失灵保护不动作。

　　2306 线镇北变电站侧断路器跳开后，乐新变电站 1 号电源通过 1 号主变压器—2 号主变压器通路维持 Ⅱ 母电压，由于故障仍然存在，且 2 号主变压器为中性点不接地主变压器，Ⅰ 母电压恢复正常，Ⅱ 母电压 A、C 两相上升为线电压，B 相为零。

　　200ms 左右，Ⅰ 母 B 相电压再次降低为零，线路上出线故障电流，以图 4-83 所有波形图的第二根标尺为基准，2305 线两侧电流同相为流入线路，2306 线镇北变电站侧无故障电流，乐新变电站侧出线故障电流，电流方向与 2305 线乐新变电站侧反相，为流出线路。观察故障电流有效值，2305 线路的差流为 2306 线乐新变电站侧电流值，那么判断 2305 线的 B 相搭接至 2306 线 B 相。结合 Ⅰ 母电压再次变为零，判断搭接位置在乐新变电站出口处，如图 4-86 所示。

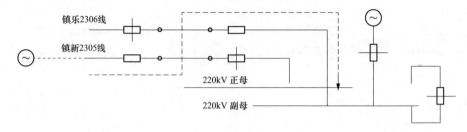

图 4-86　搭接分析

搭接发生后 2306 线两套保护差动动作，因一次机构缺陷跳 2306 线乐新变电站侧断路器失败，启动乐新变电站失灵保护。2305 线第一套保护差动作，第二套保护差动不动作，两套动作不一致，经检查 2305 线乐新变电站侧第二套差动控制字退出。2305 线镇北变电站侧第一套保护跳闸失败，启动镇北变电站失灵保护，考虑到 1500ms 时第二套保护动作时将 B 相断路器跳开，故障应为第一套保护的问题（或者智能终端），经检查发现跳闸出口软压板退出。

镇北变电站 2305 线第一套保护动作时，断路器拒动，启动失灵保护，失灵保护只在 400ms 时 1 时限动作跳开母联，2 时限未动作，而故障电流满足电流动作条件，故障电压也满足复压开放条件，经检查发现 2 时限由 0.4s 改为 3.2s。

1280ms 时，2305 线乐新变电站侧重合闸动作，重合于故障，后加速动作三相跳开。1500ms，2305 线镇北变电站侧接地距离保护Ⅱ段动作，跳开 B 相，故障暂时隔离，2306 线纵联差动保护返回，2600ms，重合闸动作，重合于故障，2305 线镇北变电站侧后加速保护动作，跳开三相，2306 线乐新变电站侧纵联差动保护再次动作，仍未跳开 2306 断路器。至此，故障与镇北变电站侧隔离，但是 1 号电源仍然通过两台主变压器与故障形成通路，Ⅱ母继续变为不接地系统，由于本仿真系统未投入零序过电压和间隙过电流保护，因此故障无法切除。

（五）故障总结

1. 一次故障点

0ms 时，乐新变电站 220kV 副母发生 B 相永久性金属接地，200ms 后乐新变电站出口处镇新 2305 线和镇乐 2306 线 B 相同相搭接。

2. 一次缺陷

乐新变电站镇乐 2306 断路器一次机构故障而拒动。

3. 二次缺陷

（1）乐新变电站母线差动保护跳 2 号主变压器 220kV 断路器出口硬压板退出；

（2）乐新变电站镇新 2305 第二套保护装置差动控制字退出；

（3）镇北变电站镇新 2305 第一套保护装置出口软压板退出；

（4）镇北变电站母线保护失灵 2 时限由 0.4s 误输入为 3.2s。

4. 知识点

（1）中性点不接地系统单相接地故障特征；

（2）母线故障各支路电流特征；

（3）失灵保护动作条件；

（4）线路搭接时故障电流特征判别方法。

案例 17：乐镇北变电站正母 B 相和副母 C 相经过渡电阻短路——母联断线

（一）事故前运行状态

仿真系统事故前运行状态如图 4-87 所示。乐新变电站 220kV 双母运行，镇新 2305 线、1 号主变压器、1 号电源运行在Ⅰ母上，镇乐 2306 线、2 号主变压器、2 号电源运行在Ⅱ母上，220kV 母联断路器合位；110kV 单母分段运行，1 号主变压器 110kV 断路器运行在Ⅰ母，2 号主变压器 110kV 断路器运行在Ⅱ母，110kV 分段断路器运行；35kV 单母分段运行，1 号主变压器 35kV 断路器运行在Ⅰ母，2 号主变压器 35kV 断路器运行在Ⅱ母，35kV 分段断路器运行；1 号主变压器 220kV 及 110kV 中性点接地运行，2 号主变压器中性点不接地运行。

镇北变电站 220kV 双母运行，镇新 2305 线、1 号主变压器运行在Ⅰ母上，镇乐 2306 线运行在Ⅱ母，220kV 母联断路器运行；110kV 母线接有一小电源；1 号主变压器 220kV 及 110kV 中性点接地运行。

　　本系统除 220kV 线路保护为双重化配置外，其余保护均单套配置。110、35kV 母线未配置母线保护。

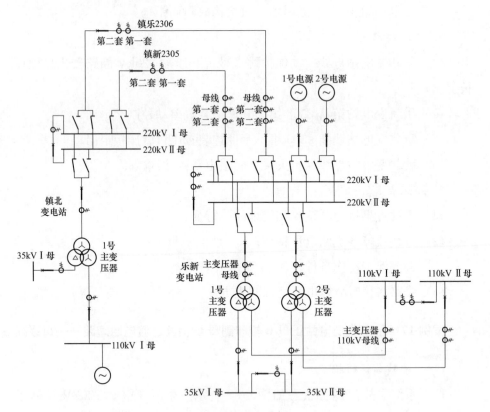

图 4-87　仿真系统事故前运行状态

（二）事故后运行状态

　　仿真系统事故后运行状态如图 4-88 所示。

　　断路器变位情况：镇北变电站镇乐 2306 线断路器分位，乐新变电站 220kV 母联断路器分位，乐新变电站 2301 断路器分位，乐新变电站 220kV 母联断路器，乐新变电站 2 号主变压器 220kV 侧断路器。

（三）事故信息采集

　　1. 故障发生时刻

　　2022-06-01　10：57：12.186。

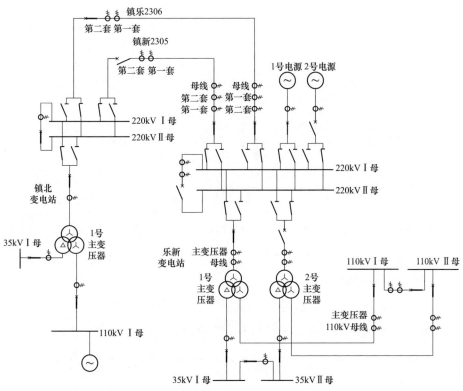

图 4-88　仿真系统事故后运行状态

2. 保护动作时序整理

该案例保护动作时序经整理后如表 4-17 所示。

表 4-17　　　　　　　　　　　　保护及断路器动作时序

时刻 (ms)	变电站	保护装置	事件	跳/合闸对象
0	—	—	保护启动	—
1621	乐新变电站	镇乐 2306 第一套、第二套线路保护	零序保护 Ⅱ 段动作；测距：50.637km；相别：C 相	乐新变电站镇乐 2306 线 C 相断路器
1771	乐新变电站	镇乐 2306 第一套线路保护	保护单相跳闸失败；保护三跳出口	乐新变电站镇乐 2306 线三相断路器
1798	乐新变电站	220kV 母线保护	支路跟跳	乐新变电站镇乐 2306 线三相断路器
1810	乐新变电站	镇乐 2306 第一套线路保护	远方跳闸 [合]；停用重合闸 [合]	—

143

时刻 （ms）	变电站	保护装置	事件	跳/合闸对象
1898	乐新变电站	220kV 母线保护	失灵跳母联断路器	乐新变电站 220kV 母联断路器
1899	镇北变电站	镇新 2305 线第二套线路保护	零序保护Ⅲ段动作； 永跳动作； 测距：17.08km； 相别：B 相	镇北变电站镇新 2305 线三相断路器
1922	乐新变电站	镇乐 2306 第一套线路保护	保护三相跳闸失败； 保护永跳出口	乐新变电站镇乐 2306 线三相断路器
2048	乐新变电站	220kV 母线保护	失灵跳Ⅱ母	乐新变电站 2301 断路器、乐新变电站 2 号主变压器 220kV 侧断路器

（四）故障分析

收集现场保护动作、故障录波信息，根据时序整理结果，可以进一步分析故障类型、各保护动作逻辑与一、二次缺陷。

根据母线电压及支路电流录波信息，如图 4-89 所示，可对故障类型进行判断。

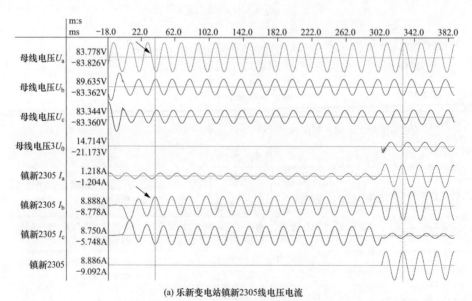

(a) 乐新变电站镇新2305线电压电流

图 4-89　母线电压及支路电流录波（一）

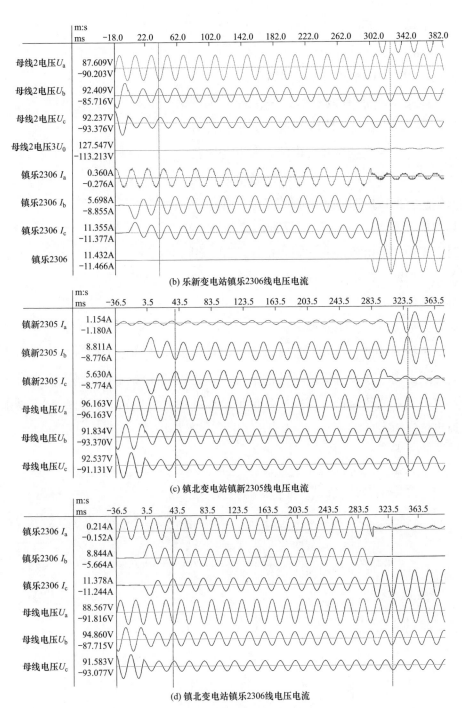

(b) 乐新变电站镇乐2306线电压电流

(c) 镇北变电站镇新2305线电压电流

(d) 镇北变电站镇乐2306线电压电流

图 4-89 母线电压及支路电流录波（二）

故障发生后，乐新变电站侧 220kV 母线 B、C 相电压大小基本相等、方向相反，且无零序电流，2305 及 2306 线的 B、C 相电流幅值相等、相位相反，为 B、C 相间短路故障特征。

以图 4-89 所有波形的第一个标尺为参考，2305 线和 2306 线两侧电流大小相等方向相反，为典型的穿越性电流，判断为线路区外故障。如图 4-90 所示，忽略电阻，当发生正方向故障时，超前相的电流和非故障相的电压同相。反之，当反方向发生故障时，超前相的电流和非故障相电压反相。因此，可判断故障点对于线路保护乐新变电站侧来说是正方向，对于镇北变电站侧是反方向，则故障点应在镇北变电站。

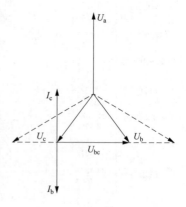

图 4-90　正方向相间短路时保护安装处的故障电流和电压特征

根据图 4-91，可判断故障点为主变压器高压侧的反方向故障，故障点在母线区内。在没有保护录波的情况下，可以使用潮流方向判别法。对于具有差动功能的保护，可以通过保护录波中的差流通道是否出现差流来迅速定位故障点。

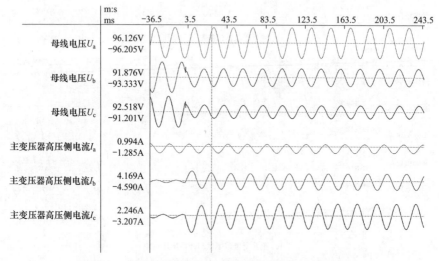

图 4-91　镇北变电站 1 号主变压器高压侧电压电流录波

在图 4-92 中，母联 B、C 相出现大小相等、方向相同的故障电流，可判断故障点对于母联 TA 一个是区内一个是区外故障，因此故障为一条母线的 B 相搭接至另一条母线的 C 相。在 300ms 时，镇北变电站母联电流突然消失，此时无保护动作，检查母联位置发现在合位，只能判断出现母联三相断线或者母联偷跳并且辅助触点未变位。

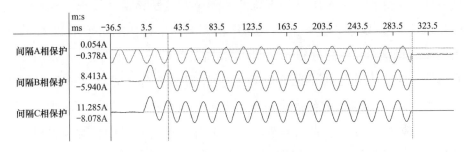

图 4-92　镇北变电站母联电流录波

如图 4-93 所示，母联断路器断开后，对于乐新变电站侧电源，故障电流将从一条线路的 B 相经搭接处从另一条线路的 C 相流回电源。对于镇北变电站侧电源，故障电流一相将流入 I 母再经搭接处流入 II 母，最后从另一相流至乐新变电站主变压器。从图 4-92 中可看出，母联断路器断开后 2305 线 B 相故障电流仍然存在，2306 线 C 相故障电流仍然存在，那么可判断是镇北变电站的 I 母的 B 相搭接至 II 母的 C 相。故障发生在母线上，母线保护未动作，经检查发现母线保护差动启动定值由 1.8A 误整定为 18A。

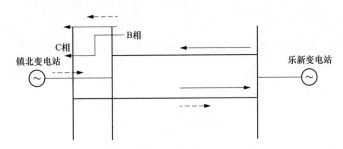

图 4-93　镇北变电站母联断路器断开后故障电流流向

当母联断路器拉开后，两侧系统仅凭搭接处连通，对于乐新变电站侧电源，仍然是相间短路特征，不会在系统中产生零序电压。零序电压是由镇北变电站电源—搭接处—乐新变电站电源这一回路产生，可以看成两侧电源有 120°相位差的双端系统，发生两相断线。那么对于 2306 线乐新变电站侧，即是正方向故障，零序方向元件动作，所以 1600ms 时，乐新变电站镇乐 2306 线两套保护装置均零序Ⅱ段动作，两套保护均未跳闸成功，启动母线失灵保护，失灵跟跳仍未跳开本侧及对侧断路器。检查发现乐新变电站镇乐 2306 线第二套保护装置操作箱失电，乐新变电站镇乐 2306 线断路器第一组跳圈失灵，导致镇乐 2306 线断路器始终拒动。此外，乐新变电站母线保护也未能远跳镇北变电站镇乐 2306 线断路器，镇北变电站镇乐 2306 线保护装置也未收到远跳命令，推测可能存在问题包括差动投退、通道断链等，检查发现镇北变电站镇乐 2306 第一套保护差动控制字退出，导致乐新变电站母线保护未能联跳镇北变电站镇乐 2306 线断路器。

1900ms 时，镇北变电站镇新 2305 线第二套保护装置零序Ⅲ段动作，两套动作不一致。根据录波，启动后 300ms（即母联断线后）左右达到镇新 2305 零序Ⅲ段保护定值（5A），1.6s 后保护动作，动作时间较早，且对于镇北变电站侧来说，为反方向故障，带方向的零序Ⅲ段不应动作。检查镇北变电站镇新 2305 线第二套保护装置定值，发现零序Ⅲ段方向控制字退出，动作时间误整定为 1.6s。当 2305 线断路器跳开后，均不形成电流回路，于是故障隔离。

（五）故障总结

1. 一次故障点

0ms 时，镇北变电站 220kV 正母 B 相与副母 C 相搭接，300ms 后 220kV 母联发生三相断线。

2. 一次缺陷

乐新变电站镇乐 2306 线断路器第一组跳圈失灵。

3. 二次缺陷

（1）乐新变电站镇乐 2306 第二套操作箱电源失电；

（2）镇北变电站 220kV 母线差动启动电流由 1.8A 误输入为 18A；

（3）镇北变电站镇新 2305 第二套保护零序Ⅲ段方向控制字退出，动作时间由 3.8s 改为 1.6s；

（4）镇北变电站镇乐 2306 第一套保护差动控制字退出。

4．知识点

（1）相间短路时，故障电流正、反方向判断方法；

（2）跨线搭接时故障电流特征；

（3）母线保护远跳失败的原因。

案例 18：镇北变电站 TA 极性反后 TA 间故障

（一）事故前运行状态

仿真系统事故前运行状态如图 4-94 所示。乐新变电站 220kV 双母运

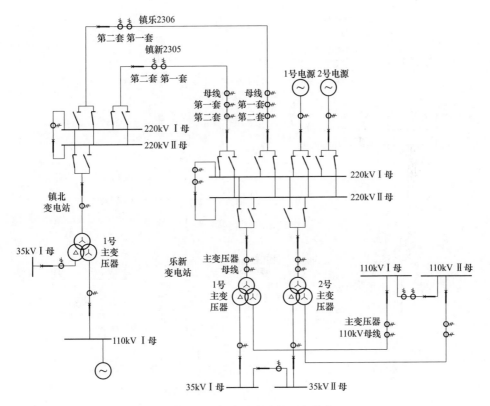

图 4-94　仿真系统事故前运行状态

行，镇新 2305 线、1 号主变压器、1 号电源运行在Ⅰ母上，镇乐 2306 线、2 号主变压器、2 号电源运行在Ⅱ母上，母联运行；110kV 单母双分段运行，1 号主变压器运行在Ⅰ母，2 号主变压器运行在Ⅱ母，分段运行；35kV 单双分段运行，1 号主变压器变运行在Ⅰ母，2 号主变压器运行在Ⅱ母；1 号主变压器 220kV 及 110kV 中性点接地运行，2 号主变压器中性点不接地运行。

镇北变电站 220kV 双母运行，镇新 2305 线、1 号主变压器运行在Ⅰ母上，镇乐 2306 线运行在Ⅱ母，母联运行；110kV 接有一小电源；1 号主变压器 220kV 及 110kV 中性点接地运行。

（二）事故后运行状态

事故后运行状态如图 4-95 所示。

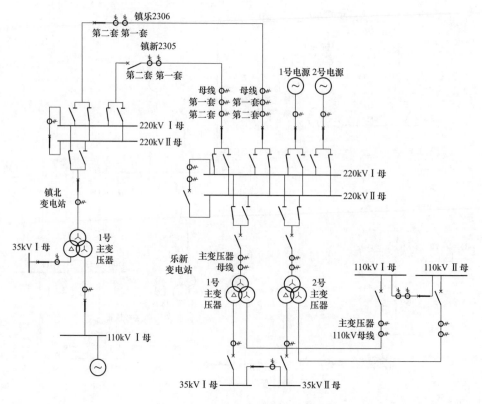

图 4-95　仿真系统事故后运行状态

断路器变位情况：乐新变电站 220kV 母联断路器分位，1 号主变压器三侧断路器分位，2 号主变压器三侧断路器分位；镇新变镇新 2305 线断路器分位。

（三）事故信息采集

1. 故障发生时刻

2022-5-17　19：41：35.107。

2. 保护动作时序整理

该案例保护动作时序经整理后如表 4-18 所示。

表 4-18　　　　　　　　　　保护及断路器动作时序

时刻 （ms）	保护装置	事件	跳/合闸对象	结果
			乐新变电站	
0	—	保护启动	—	—
1016	镇乐 2306 线 B 套保护	零序过电流保护Ⅱ段动作	镇乐 2306 断路器 A 相	—
1308	镇新 2305 线 A/B 套保护	接地距离保护Ⅱ段动作； 零序过电流保护Ⅱ段动作	镇乐 2305 断路器 A 相	断路器未跳开
1482		三相跳闸失败	镇乐 2305 断路器三相	断路器未跳开
1475	母线差动 保护	失灵跟跳断路器	镇乐 2305 断路器三相	断路器未跳开
1575		失灵跳母联断路器	220kV 母联断路器	—
1563	镇新 2305 线 B 套保护	纵联差动动作	镇新 2305 断路器三相	断路器未跳开
1666	2 号变压器 保护	差动保护动作	2 号主变压器三侧断路器	—
2083	镇乐 2306 线 A/B 套保护	重合闸动作	镇乐 2306 断路器 A 相	—
4926	1 号变压器 保护	高复压过电流Ⅰ段 1 时限动作	1 号主变压器 110kV 侧断路器	—
5228		高复压过电流Ⅰ段 2 时限动作	1 号主变压器三侧断路器	—

续表

时刻 (ms)	保护装置	事件	跳/合闸对象	结果
镇北变电站				
0	—	保护启动	—	—
1490	镇新 2305 线 A/B 套保护	远方跳闸	镇新 2305 断路器三相	—
1563	镇新 2305 线 B 套保护	纵联差动保护动作	镇新 2305 断路器三相	—
2867	镇新 2305 线 A 套保护	零序过电流保护Ⅱ 段	镇乐 2305 断路器三相	—

（四）故障分析

根据保护动作选相以及录波中电压为 A 相跌落，B、C 相正常，可初步判断为 A 相接地故障，比较镇北变电站和乐新变电站 A 相电压值，镇北变电站侧电压为 0.045V，乐新变电站侧电压为 8V，判断故障点在靠近镇北变电站母线附近。观察全过程中只有 A 相电压跌落，判断故障仅限于 A 相，其他相正常。

根据故障波形的稳定性，以及保护动作之间的关联性，可以将故障发展划分为三个阶段。

1. 第一阶段：0～1308ms

1016ms 时镇乐 2306 线 B 套保护零序过电流Ⅱ段动作，根据两套保护动作的一致性判断该套误动，或者是双重化的另一套保护拒动，注意到 2305 线 A/B 套的零序过电流Ⅱ段在 1308ms 动作，那么大概率为 2306 线 B 套误动，对比标准定值单可发现零序过电流Ⅱ段时间定值由 1.3s 误整定为 1.0s。

故障点大概率在镇北变电站母线附近，线路及母线的差动保护均未动作，判断可能差动保护存在问题，差动保护拒动可能是定值、软压板、硬压板、控制字问题，也可能是电流采样问题。在同一时刻下整理 2305、2306 线两侧 TA 电流采样的大小与方向如表 4-19 所示。

表 4-19   2305、2306 线潮流方向

位置	镇新 2305				镇乐 2306			
	A 套		B 套		A 套		B 套	
	有效值	方向	有效值	方向	有效值	方向	有效值	方向
乐新变电站侧	5.3A	下	5.3A	下	5.3A	下	5.3A	下
镇北变电站侧	5.3A	上	10.9A	上	5.3A	上	5.3A	上

观察可知，2306 线 A、B 套测得的两侧电流是大小相等方向相反的穿越性电流，两套保护电流特征一致，出现问题的概率较小。2305 线 A、B 套两侧电流都是方向相反，A 套为典型穿越性电流，B 套镇北变电站侧电流为 10.9A，两侧电流有效值不同。一般来说有以下两种可能性。

（1）猜想一：2306 线 A 相 B 套 TA 与母线之间出线断线且靠近线路侧的一端搭接到 2305 线 TA 之间（均是 A 相），故障点在母线上，如图 4-96 所示。

本猜想是假定电流的方向没有问题，电流为穿越性电流，2305 线镇

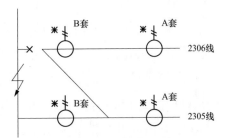

图 4-96   2305 线 TA 之间搭接 2306 断口

北侧 A、B 套 TA 采样值不一样，可能是由于 TA 之间存在某条助增支路，结合 B 套电流为 10.9A，而 2306 线的穿越性电流 5.3A 和 2305 线 A 套采样的 5.3A 之和恰好与该值接近，所以可猜测 2306 线的 A 相搭接到 2305 线的 A 相上。若直接搭接，则搭接处只会分得一半电流，另一半电流将直接经母线流入故障点，那么必须存在断线。

查看镇北变电站 2306 线录波，在故障发生前，A 相一直都存在负荷电流，所以 0ms 前不存在断线，而故障发生后到 1016ms 的这段时间内，故障电流十分稳定，没有幅值或者相位上的突变，且故障电流出现在 0ms 时刻，所以不存在断线后再搭接，或者搭接后再断线此类发展性的故障。唯一的可能是搭接、断线、接地三种故障同时发生，一般来说这种可能性较小。

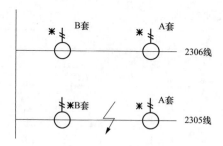

图 4-97 2305 线 B 套极性
反接且 TA 之间故障

（2）猜想二：2305 线 A、B 套 TA 之间发生了 A 相接地故障，由于 B 套 A 相 TA 极性接反，使区内故障呈现出穿越性故障特征，如图 4-97 所示。

本猜想中，在发现 2305 线 B 套采样值异常的基础上，认为 B 套的电流方向存在问题，在 A 相极性接反后，呈现出一个穿越性故障的特征，制动电流为 16A，差动电流为 5.5A，制动系数为 0.34，一般来说线路纵联差动保护的制动系数为 0.6，所以差动保护将被制动。

2305 线 B 套的采样值 10.9A 为乐新变电站电源经 2306 线和镇北变电站母联提供的故障电流，以及镇北变电站 110kV 侧电源提供的故障电流之和。

查看镇北变电站 2305 线 B 套录波，使用软件相位分析功能，故障前 2305 线的负荷电流相量图如图 4-98 所示。

明显可以看出，A 相电流的极性接反，与正常负荷电流相差 180°。

对于猜想二，已经找到明显的支撑依据后，可以将猜想一的可能性排除。

进一步，确定一次故障点在两个 TA 之间，而镇北变电站母线保护的电流采样接入 A 套 TA，那么可判断母线保护拒动，依次检查软压板、控制字及母线差动保护相关定值后，发现母线差动保护的启动电流由 1.8A 改为 20A。

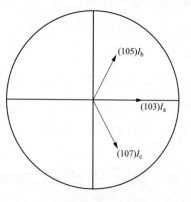

图 4-98 镇北变电站 2305 线
电流相量图

2. 第二阶段：1308~1666ms

本阶段是从 1308ms 镇新 2305 线 A/B 套保护接地距离保护 II 段、零序过电流保护 II 段动作开始，镇新 2305 线乐新侧断路器拒动，导致一系列保护的相继动作。

（1）2305 线乐新侧断路器拒动。由于 2305 线 B 套差动保护以及镇北变电站母线差动保护的拒动，故障一直存在，故障处于接地距离Ⅱ段、零序过电流Ⅱ段的保护范围内，所以 1308ms 时乐新变电站侧两套保护均动作，动作行为一致，故存在缺陷的可能性较小。保护动作后，2305 线断路器由于某种原因拒动，两套线路保护以及母线差动保护（失灵 1 时限跟跳失灵支路断路器）均未跳开，查看保护的出口硬压板，操作箱电源均正常，故认为是机构本体故障。

2305 线断路器拒动启动乐新变电站母线保护失灵，失灵保护 1 时限（0.15s）于 1475ms 跟跳失灵断路器，并向对侧发远跳，2 时限（0.25s）于 1575ms 跳开母联断路器。

1490ms，2305 线镇北变电站侧接收到对侧远跳令后，跳开本侧断路器，对于 A 套保护来说，由于乐新变电站侧断路器仍未跳开仍然流过穿越性电流，但对于 B 套保护来说，镇北变电站侧 B 套 TA 没有电流流过，而乐新变电站侧 B 套 TA 有故障电流流过，B 套保护不再被制动住，从而纵联差动保护动作。

（2）2 号主变压器差动动作。1666ms，2 号主变压器差动保护动作。由于一次故障点是在线路靠镇北变电站侧，此时 2 号主变压器动作如果是正确动作，则意味 2 号主变压器区内又发生了一次接地故障，否则是 2 号主变压器因为某种缺陷误动。

若是 2 号主变压器区内故障，则 2 号电源将直接通过主变压器高压侧向故障点供电。此外，由于母联断路器断开，1 号电源提供的故障电流经 1 号主变压器高压侧、中压侧至 2 号主变压器中压侧，最后流入故障点，如图 4-99 所示。

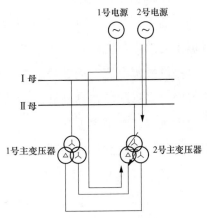

图 4-99　母联断路器跳开后
2 号主变压器区内故障潮流分析

155

　　因此，高中压侧电流方向应为同相，如图 4-100 所示，高中压侧为典型的穿越性电流，判断 2 号主变压器区内没有出现新的故障点。

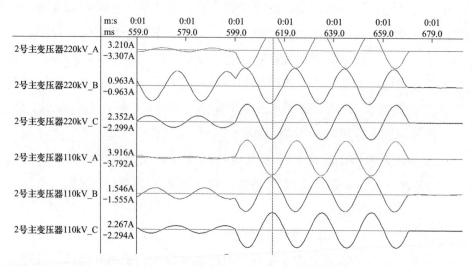

图 4-100　2 号主变压器高中压侧电流波形图

　　若是 2 号主变压器差动误动，考虑到故障刚发生时，即 0ms，保护并未动作，而是在故障发生后 1666ms 后动作，必然是前面某种行为导致了误动作发生。回顾保护动作流程，当母联断路器跳开 90ms 后，2 号主变压器差动保护动作，判断是母联断路器跳开导致潮流发生变化从而引起保护误动。图 4-101(a) 为母联断路器跳开前，乐新变电站 1、2 号电源向故障点提供的故障电流路径，由于 2305 线运行于Ⅰ母上，1 号电源可以直接经Ⅰ母提供故障电流，而 2 号电源的故障电流经Ⅱ母及母联再注入 2305 线故障点中。当母联断路器断开后，如图 4-101(b) 所示，2 号电源故障电流路径发生改变。对于主变压器来说，110kV 侧的阻抗较 35kV 侧的阻抗小很多，因此故障电流将通过两台主变压器的 110kV 侧流入 2305 线。

　　查看 2 号主变压器设备参数，发现中压侧 TA 一次值由 2000A 改为500A。中压侧 TA 变比减小，将导致中压侧额定电流增大，从而使中压侧差动计算电流减小。在母联断路器断开前，2 号主变压器仅流过负荷电流，电流较小，即使中压侧计算电流减小，出现差流，也没有达到差动启动值，差动不会动作。当母联断路器跳开后，2号主变压器将流过穿越性的故障电流，差流增大，从而使差动保护误动。

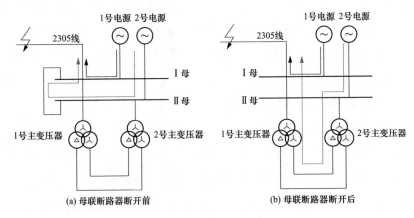

图 4-101 母联断路器断开前后潮流变化

（3）失灵保护3时限未动。1575ms 失灵保护跳母联断路器后，根据失灵保护整定值，将于 150ms 后，也就是 1730ms 左右跳失灵母线，然而该时限未动。由于失灵保护的1、2时限已动作，那么失灵保护电流定值整定错误的可能性很小，3时限一直未动作，时间整定错误也不可能。失灵保护动作条件如下：

1）应快速返回的保护动作后仍未返回；

2）满足失灵保护电流判据；

3）相应母线复合电压闭锁开放。

查看乐新变电站 2305 线 A 套 TA 电流波形，发现故障电流一直存在，那么条件 1）、2）都满足。观察乐新变电站 220kV 母线电压，发现当 1575ms 母联断路器跳开后，Ⅰ母 A 相电压升高为 31V，Ⅱ母 A 相电压为 14V，1666ms 时 2 号主变压器三侧断路器跳开后，Ⅰ母 A 相电压恢复为 56.4V，Ⅱ母电压又跌回 8V。

2305 线运行于乐新变电站 220kV Ⅰ母上，1016ms 时乐新变电站镇乐 2306 线 B 套保护零序过电流Ⅱ段动作，跳开 2306 线断路器，断开了两条母线经镇北变电站母联的电气联系，1575ms 母联断路器跳开后断开了两条母线直接的电气联系，1666ms时2号主变压器三侧断路器跳开后断开了两条母线经主变压器中低压侧的电气联系，至此两条母线间没有任何电气联系。Ⅰ母直接连接故障点，A相电压应为故障电压，Ⅱ母与故障点隔离，A相电压应恢复正常。然而，根据录波实际是Ⅰ母电压恢复正常，Ⅱ母电压仍是故障电压，据此判断Ⅰ、Ⅱ母电压在电压互感器二次回路接入小母线前接反。当2号主变压器跳开后，失灵保护Ⅰ母电压实际为Ⅱ母的正常电压，复合电压条件不满足，失灵保护被闭锁，故3时限未动作。

3. 第三阶段：1666～5228ms

本阶段为收尾阶段，如图4-102所示，2号主变压器三侧断路器跳开后，1号电源经乐新变电站Ⅰ母向故障点提供故障电流，由于乐新变电站

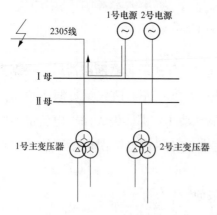

图4-102　主变压器跳开后
单电源供电故障电流

侧断路器拒动，故障无法切除，将一直存在。

2083ms时，乐新变电站镇乐2306线A/B套保护重合闸动作，由于故障已同2306线隔离，重合闸成功。

2867ms时，镇北变电站镇新2305线A套保护零序过电流Ⅱ段动作。零序过电流Ⅱ段动作时间定值为1.3s，那么零序过电流Ⅱ段的启动时间约为1500ms左右，该时刻2305线镇北变电站侧收到远跳令将断路器三相跳闸，此时2306线乐新变电站侧断路器A相分位，故障点与镇北变电站母线完全隔离，母线电压由1号主变压器110kV侧电压维持，恢复正常电压，如图4-103所示。2083ms时，2306线乐新变电站侧断路器重合上后，由于乐新变电站220kV母联断路器已经跳开，镇北变电站母线仍然与故障点完全隔离。对于镇北变电站2305线A套保护来说，故障电流仍然经过A套TA流入故障点，故存在零序电流，且零序电流值大于Ⅱ段定值，在2305线镇北变电站侧断路器未断开

前，为反方向故障，零序Ⅱ段不动作。1500ms后，断路器跳开镇北变电站母线电压恢复为正常电压，零序Ⅱ段方向判别固定投入，虽然零序电流存在，但是正常工况下理应没有零序电压，方向元件不应动作。

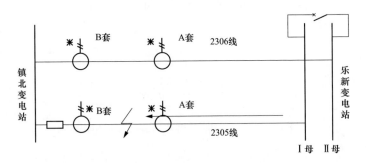

图 4-103　故障点与镇北变电站母线隔离

如图 4-104 所示，使用序分量分析功能，发现镇北变电站Ⅰ母三相电压并不完全对称，存在约 1.5V 的 $3U_0$。对于 CSC-103BE 保护，其零序正方向动作区如图 4-105 所示。

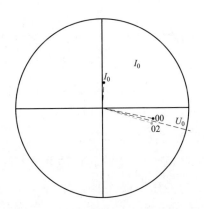

序分量	实部	虚部	向量	通道列表
U_1	82.556V	−21.081V	60.249V∠−14.325°	97:400A号11_镇新2305合并单元A′
U_2	0.678V	−0.205V	0.501V∠−16.839°	99:400A号13_镇新2305合并单元A′
U_0	0.689V	−0.146V	0.498V∠−11.991°	101:400A号15_镇新2305合并单元A′
I_1	0.154A	2.678A	1.896A∠86.701°	91:400A号02_镇新2305合并单元A′
I_2	0.155A	2.676A	1.896A∠86.680°	93:400A号04_镇新2305合并单元A′
I_0	0.156A	2.680A	1.898A∠86.671°	95:400A号06_镇新2305合并单元A′

图 4-104　2035 线零序电流相量分析

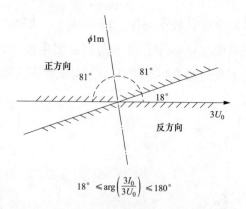

$$18° \leqslant \arg\left(\frac{3I_0}{3U_0}\right) \leqslant 180°$$

图 4-105　CSC-103BE 零序电流方向保护动作区域

对比图 4-104 中的序分量分析结果，发现由于不平电压的存在，零序电流正好落入动作区。CSC-103BE 保护用于判别零序方向的 $3U_0$ 固定门槛为 1V 有效值。因此，镇北变电站 2305A 套保护是不平衡电压导致的保护误动作。

（五）故障总结

1. 一次故障点

0ms 时，镇北变电站镇新 2305 线 TA 之间发生 A 相接地。

2. 二次缺陷

（1）镇北变电站 220kV 母线差动启动电流由 1.8A 改成 20A；

（2）镇北 2305 线第二套 A 相 TA 极性反接；

（3）乐新变电站 2305 线断路器拒动；

（4）乐新变电站 2306 第二套零序过电流Ⅱ段时间由 1.3s 改为 1.0s；

（5）乐新变电站 2 号变压器保护中压侧 TA 一次由 2000A 改为 500A；

（6）乐新变电站 220kV 母线电压反接。

3. 知识点

（1）TA 极性反向波形特征；

（2）失灵保护复合电压判据；

（3）潮流变化对保护尤其是带方向的保护的影响。